U0261001

中华味道

——馋你没商量

刘自华／著

中国书籍出版社
China Book Press

图书在版编目(CIP)数据

中华味道：馋你没商量 / 刘自华著. -- 北京：中
国书籍出版社，2019.1

ISBN 978-7-5068-7205-8

Ⅰ.①中… Ⅱ.①刘… Ⅲ.①饮食 – 文化 – 中国
Ⅳ.①TS971.2

中国版本图书馆CIP数据核字（2018）第303102号

中华味道——馋你没商量

刘自华 著

责任编辑	李 新	
责任印刷	孙马飞 马 芝	
出版发行	中国书箱出版社	
地 址	北京市丰台区三路居路97号（邮编：100073）	
电 话	（010）52257143（总编室） （010）52257140（发行部）	
电子邮箱	eo@chinabp.com.cn	
经 销	全国新华书店	
印 刷	北京温林源印刷有限公司	
开 本	787 毫米 × 1092 毫米 1/16	
字 数	185 千字	
印 张	12.75	
印 次	2019 年 1 月第 1 次印刷	
书 号	ISBN 978-7-5068-7205-8	
定 价	39.00 元	

前　言

菜中故事　故事中菜

　　人类自诞生那天起就与饮食脱不开关系，或者可以说，社会进步起于砧炉之做！

　　无论是高高在上的帝王将相，还是脚踏实地的平民百姓，可以毫不夸张地讲，无一不与饮食结缘，正可谓是民以食为天也。作为一名有着学做川菜四十三年经历的职业厨师，笔者自打入行的那天起，就对中国饮食文化显示出超乎寻常的热情，阅读了大量的中国烹饪古籍，并到图书馆查阅了可观的文献资料，走访了业内诸多的名厨大师，经过十几年的资料积累，才在2012年年底开始了此书的创作。

　　为了使本书不至空谈误人，也更加接地气，笔者把自己从业四十余年经历中值得您一读的那些有意思的事写了进来，菜中有故事，故事中也有菜。菜中故事彰显中国饮食文化内容之厚重，故事中菜越发体现中餐厨技之博大精深。

　　考虑到读者的阅读需求和阅读趣味，本书在内容安排上尽量选择可读性强的史料故事，避免枯燥，虽不能使您在字里行间大饱口福，但也不至于让您白花冤枉钱！因为馋你是没商量的，您说呢？

刘自华

2013年初夏于陶然亭

目 录

第一章　名菜名厨之名说

这一章内容，完全是当年流行于中国餐饮界之名说。名厨之趣闻，名菜之轶事，名说之流行，都可给您带来意想不到之乐趣。

第二章　中华名菜第一人

树有根水有源。名菜的形成其实也是情同此理，无论是名气多大的名菜，总是应该有第一个制作或是第一个吃到它的人，反之它是不会成为名菜的。

本节内容以溯本求源之方式，诠释了部分名菜之成因，相信您休闲读来也会有乐在其中之感。

第三章 名人与名菜

名菜之所以能成为名菜，其实根本原因不是做出来的，而是"被吃出来的"，这恰恰是制作者们所不曾想到和不愿接受的。看完此节内容，相信你也会同意笔者的这个观点，因为这是实践得出的真知。

第四章　名菜成因之奇谈

　　如果你细细品味的话，就不难发现，中餐名菜之成因，其实是多种多样的。有的是人为，有的纯属偶然，甚至充满了传奇色彩。

第一章　名菜名厨之名说

这一章内容，完全是当年流行于中国餐饮界之名说。名厨之趣闻，名菜之轶事，名说之流行，都可给您带来意想不到之乐趣。

卓别林爱吃范俊康大师做的香酥鸭

世界著名的喜剧大师卓别林爱吃范俊康大师制作的香酥鸭，作为中国餐饮界的美谈佳话，笔者在当年（1971 年）北京市第一服务局厨师培训班上，就听当时的川菜老师张志国先生讲过。对于我们这些刚刚入行的毛头小伙子来讲，其神秘色彩那可是相当浓的。也就是在此时，范俊康作为当年北京（乃至全国）最权威的川菜大师也就成了我崇拜的偶像！

两年以后的 1973 年，我们这些学川菜的学员全都来到了重张开业的四川饭店（当时还叫成都饭庄呢）。因为是刚刚恢复营业，饭店的老师傅明显不足，所以，饭店总是外聘些京城川菜名厨来店顾问工作。

一天上午，我们正在忙活着，饭店的厨师长陈松如师傅陪着几位名厨模样的人来到了厨房。听了陈师傅的介绍，我们的目光都集中在了一位体态偏瘦，身量中等，但精神头儿十足的老人身上。陈师傅用他那口我们当时还听不太习惯的四川话对我们说："这位就是享誉全国的川菜泰斗，北京四大名厨之一（在厨师培训班中，就听说当年北京四大名厨：川菜的范俊康、罗国荣，广东菜的陈胜，淮扬菜的王兰）的范俊康大师，来咱们这儿指导工作！"

什么！眼前这位老人就是我们这些年轻厨师心目中偶像级的名师范俊康师傅？我们都瞪大了双眼看着老人，心里在想，就是他做的香酥鸭，被周总理用来招待卓别林等外国客人，并备受卓别林推崇，声称要专程来北京找老人学做这香酥鸭？作为厨师，特别是我们这些年轻厨师，如果能亲自面对面，手把手和范俊康大师学习这道香酥鸭该有多好啊！但大师第一次来饭店，我们还真不好意思提出，可最终还是鼓足了勇气，在临别时向老人提出了我们的心愿。范大师一听便笑了起来，爽快地答应下次来饭店，专门教我们做这香酥鸭。

大约又过了两个星期左右，厨房通知我们，明天上午范俊康大师要来饭店教咱们做香酥鸭，并让我们特意准备两只白条鸭和香料。

第二天早晨，我们早早来到了厨房，做好了班前准备工作，敬等大师的到来。

九点刚过，我们的陈师傅就陪同范大师来到了厨房。我们忙递上了特意泡好的龙井茶。老人没有休息，换上工作服就来到了案台前。不知是谁说了一句：请大师先把那年卓别林爱吃您做的香酥鸭的事儿讲给我们听一听。范大师一听笑着说，先不忙讲，把鸭子腌上调料再讲也不迟。

只见大师用毛巾擦净了鸭身，再把花椒、丁香、八角、桂皮等香料和葱姜片都掺放在了一起，拌匀后先取适量抹放在了鸭腹中，又取调料把鸭子表皮抹匀，然后把两只鸭子放在了盘中进行腌渍。

老人洗了手，喝了两口茶。我们忙把椅子搬了过来，围在大师身旁，静静地听他讲起那富有传奇色彩的往事。

大师一边回忆一边用他那川音很重的普通话讲了起来："说来那已是十几年前的事情了。我们是作为中国代表团的服务人员，随咱们的周恩来总理、陈毅外长来到日内瓦的。作为厨师，我们的具体任务是打理出席日内瓦会议的中国代表全体成员的日常伙食，再有就是完成中国代表团在会议期间所举行的所有宴请活动。"

老人喝了口茶，让我们把鸭子翻了个身，又不紧不慢地讲了起来："会议开的时间很长，大约历时两个多月。这期间周总理、陈毅外长以及咱们中国代表团的其他成员大大小小举办了很多次宴请，但由于我们在来前准备工作做得很充分，该带的可以说一样都没有落下，从而使参加宴会的外宾品尝到了在中国本土才能够吃到的中餐佳肴。香酥鸭就是这些菜中的优秀代表！"说到这儿，老人脸上显得异常兴奋，还不忘起身叫我们把鸭子放进蒸锅中蒸起来。

我们给大师又重新沏上一杯龙井茶。老人回坐在椅子上，笑容满面地回忆说："那次宴会是周总理亲自举办来招待瑞士政界及社会名流的。我们也做了几道具有明显中餐特点的风味大菜，使中国烹饪的精湛厨艺得以最佳效果完美展示，更加体现了宴会主办者的盛情与友好。听服务员讲，客人中有一位世界知名的喜剧大师卓别林对中餐很是有好感，尤其是对香酥鸭赞不绝口，一再声称从来没有吃过如此美味，这一款香酥鸭会令他终生难忘！而且他还真诚地请周总理送他一只，要与家人分享，周总理慨然答应了"（这时，笔者心里也为大师们的厨艺能得到如此褒奖而赞叹不已，敬佩之情更是油然而生）。

"宴会结束时，卓别林大师还特意当面感谢了制作香酥鸭的我，并表示要亲自来北京学做香酥鸭。我把打好包的一整只香酥鸭送到了大师手里，这时只听咔嚓咔嚓的拍照声响个不停，这一美好的画面被永久记录了下来！"

老人讲到这儿，情绪也异常激动，深情地对我们说："只要你们认真学，是不会比我差的！"

我们又就其他菜肴的制作向大师做了请教。他都一一给我们做了指导。老人看了一下手表，说鸭子可以取出来了。我们随大师来到了蒸箱旁，刚一打开门，一股香味随着热气迎面飘来。我心里一动，真香呀！

鸭子取出，大师手提鸭腿对我们说："鸭子蒸得过烂也不好，用油一炸就成油渣了，鸭腿骨有离肉之感就可以了。"（当时我在想，这些经验之谈我可要牢记啊）

大师又领我们来到了油锅旁，手指着锅中的油对我们说，因为是刚蒸透的鸭子，所以油可以烧热些，鸭子可直接炸至酥香。反之，如果鸭子是凉的，那么就应先温油炸透，再用热油炸酥（大师的这句点睛之言我至今都没有忘记）。说着，他把鸭子放进了油锅，转眼间鸭子的表皮就成了深白的微黄之色。鸭子捞出，放在了砧板上，只见大师三下五除二就把它剁成了块，码放进了盘中。我们仔细地看着、学着。他让我们每人取一块儿品尝（那时的厨房可是有规矩的，大师做的东西，如果未得本人允许，那绝对是不可随意品尝的！哪怕只是一碗汤），我们这些未来的大厨，瞪大双眼认真地盯着手中的鸭块，观其色深白微黄，闻其香沁人心脾，吃其味过齿难忘，看其型状态怡人，品口感酥脆化渣。待鸭子被我们吃下以后，起码笔者是发出了由衷的感叹："果不其然是出自名师之手，真是不同凡响呀！"

中国第一家粽子博物馆

　　中国饮食文化虽然底蕴厚重博大精深，但是据笔者所知，时至今日还没有哪一种单项美食，以建立博物馆的方式进行内涵展示和文化传承。

　　然而，令人欣慰的是，笔者在一次全国性的名优食品博览会上，欣喜地从一份企业产品的说明书上发现，作为我国民间习俗重要体现形式之一的"粽子"，却在它的发祥地嘉兴市率先成立了文化博物馆。用业内专家的话讲就是，粽子文化博物馆的建立，可以说是开了中国烹饪文化保护之先河！

　　据资料显示，这家世界上独一无二的"粽子文化博物馆"，坐落在嘉兴市月河历史街区的小猪廊下中基路的一百八十号，文化博物馆的建筑面积达一千零五十一平方米之多，由嘉兴粽子文化馆及嘉兴粽子体验馆两部分组成。目前藏品有三百余件。

　　据粽子文化馆的相关资料显示，嘉兴粽子文化馆主要展示马家浜文化，嘉兴粽子起源、传承的历史脉络，并还原嘉兴老城区张家弄古迹，嘉兴粽子名店合记、庆记和荣记及五芳斋的旺市情景，由此勾勒出五芳斋、真真老老、昌记等粽子品牌之变迁。

嘉兴粽子体验馆，更是包含了粽子加工的演示区、品牌的嘉兴粽子品尝区及茶话室。

据知情人透露，在这家粽子文化博物馆里，来访客人不仅可以观赏到饱含江南韵味的粽子礼仪的精典演绎，而且还可在古楼阁道中品味地道的嘉兴粽子之美味。

如果您有兴趣还可伸手一试，亲手包粽子，亲手煮粽子，最后再"亲口"吃粽子，这其中的乐趣一般人那可是体会不到的。

话说到这儿，我更加理解了"只有民族的才是世界的"这句话的深刻内涵。我国传统的饮食文化，只有靠我们自己的传承，才有可能在全世界得以发扬光大！您说呢？

这八道菜老外最爱吃

谈起外国人吃中国菜，喜欢中餐这个话题，作为在行内工作了四十三年的笔者，可以说是感受太深了。

不说别的城市，就拿北京来讲，笔者清楚地记得，1971 年偌大个北京城，据说仅八家涉外饭店（当年号称北京八大饭店）可以接待外国人用餐。除此以外的餐饮企业，未经相关部门的批准是不能随意接待外国人就餐的。

随着改革开放的窗口被打开，中国与外国的交往明显频繁起来，在短短的三十多年中，在我国城乡，尤其是那些大城市，说实在话，随时随地你都会见到外国友人。如今的餐饮企业，毫不夸张地讲，上至五星级宾馆饭店，中至饭店酒楼，下至餐厅排档可以说接待老外用餐，早已不再是什么新鲜事了。外国的总统、总理在北京吃炸酱面，早就成了京城大街小巷的美谈！

但是，作为行内人，笔者总在想，外国人，特别是那些大政治家、大作家、大教授、大科学家、大企业家、大艺术家等那些有头有脸儿的大人物们，他们吃中餐，究竟在吃什么？笔者几十年的工作实践，最终得到的体会就是，他们在吃中国菜的"味"。因为在他们的西餐中，是没有中餐这么让人"齿颊留香三日不忘"之口味的。

笔者的这一观点，从"这八道中国菜老外最爱吃"中您就可以找到论据。为什么这样讲呢？因为这最受外国人欢迎的八道中国菜的评出，那可不是作者空想出来的，而是经过国家相关部门的权威评选认证得出的，您若不信，且听我逐一给您道来：

一是糖醋里脊最爽口。

作为原本在中餐里很普通的肉类菜肴，糖醋里脊以它那外焦里嫩的口感，酸甜可口的味道，博得了外国人的普遍欢迎。如果再调上蕃茄酱，那在他们眼中就成了江南名菜古老肉或是北方的蕃茄里脊了。笔者在德国工作期间，如果我能给他们做这道菜吃，他们都会高兴得拍手笑出声来。

二是宫保鸡丁最下饭。

作为行内人，你经常会发现，那些来自海外的零散客人，他们会用生硬的中国话对服务员说出"宫保鸡丁"这个菜名。即使是在宴请活动中，席上的宫保鸡丁每每都会被吃得干干净净。作为一名川菜厨师，我这方面的体会真是太深了。宫保鸡丁以它那红中透亮的颜色，鲜香细嫩的口感，麻辣咸甜微酸的口味，对于外国人来讲，无论是佐酒还是下饭，那都可以说是味美难得，深得美国、加拿大、日本和西欧国家客人的青睐。笔者在德国出版的《正宗中国菜》中就有宫保鸡丁这个菜。

三是麻婆豆腐最有味。

在外国人眼中，特别是日本食客的心目中，麻婆豆腐是有"伟大中国菜"之美誉的。因为在他们看来，豆腐这么普通的一种食物，却被中国厨师，具体说来更是川菜师傅烹制得这么味道非凡，简直就是不可思意！

此菜以它那特有的"麻、辣、咸、香、酥、烫、嫩"七大特点，不知折服了世界上多少食客。笔者清楚地记得来四川饭店就餐的美国前国务卿万斯、加拿大总理特鲁多、西班牙国王卡洛斯等十几位外国元首，都曾品尝过大师们所做的麻婆豆腐。即使是那些零点散客的老外，也会点上一盘麻婆豆腐来下饭。笔者在德国出版的《正宗中国菜》一书就理所当然地写上了麻婆豆腐这个菜。

四是馄饨最鲜香。

作为中国特有的面食小吃，馄饨以它那生动活泼的形状（尤以四川抄手为最佳），鲜香可口的汤汁，早就成了老外们品味中餐特色小吃之首选。因为笔者早就发现，西餐面食虽也比中餐差不到哪去，但是，像馄饨这样亦汤亦食的小吃，他们是无论如何也做不出来的，因为他们的面条是不能包进馅的！

五是饺子最好吃。

"好吃不过饺子"原本是流传于中国民间的一句俗话，足可见这么普通的一款美食，在中国烹饪中所占的分量。有时就连老外也会用生硬的中国话脱口说出。原来他们每每在品尝中国水饺之前，都是要相互说出这句话的。特别是留学生、旅游者这样的零点外宾，每到中餐馆都是先打听有没有饺子，因为在他们那里，是从来没有这种吃食制作的。笔者在德国出版的《正宗中国菜》一书中，开头就收进了"红油水饺"这一中餐美食，很受德国读者的欢迎。

笔者依在德国工作的体会，发现凡是类似水饺这样带馅的中国面食，外国人都很爱吃，如锅贴、馄饨、馅饼、肉饼、包子等亦是如此。

六是春卷最酥香。

作为中餐特有之小吃，春卷以它那深白浅黄之色泽，荤素咸甜之味道，酥香脆嫩之口感被外国人所喜食。其实作为行内人来讲，是一点也不感到奇怪的，因为他们生来就很爱吃这些煎炸烤的食品。说句实在话，像春卷这样的小吃食品，除咱们中餐之外那是没有的。笔者的《正宗中国菜》一书中的春卷，那在德国当地来讲，可是相当受青睐的！

七是炒面最香浓。

说来也有些不可思议，老外很是喜欢吃中餐中的炒面，的确是令我们有些不解。因为要说吃面条，那西餐可是不亚于咱们中餐的。噢！但如果你仔细想来，还是咱们面条中的"味道"征服了他们。在德国工作期间，老外非常爱吃我做的担担面、炸酱面、打卤面和四川凉面、肉丝炒面、三鲜炒面等面条，因为这些面的味道比他们那"黄油拌面"要有味道多了。

八是烤鸭不吃真遗憾。

"不到长城非好汉，不吃烤鸭真遗憾"，这句话是外国人来北京经常说的一句话，也是他们在北京逗留时首先要做的两件事。因为在他们那里，虽然也有烤鱼、烤牛肉、烤火鸡。但烤鸭，尤其是那鸭肉的食用方法和佐料，他们可是没有的。笔者在德国出版的《正宗中国菜》一书中，开始并没有收写烤鸭，但到了德国以后，他们建议我一定要把北京的烤鸭写进去。于是，我就用当地的烤箱把烤鸭做了出来。这些远在德国本土的德国人都知道，在遥远的中国有一道美食叫烤鸭，真可谓是美味无国界呀！

厨行也奉祖师爷

作为三百六十行之一的厨行，可以毫不夸张地讲，自打它形成的那天起，就十分讲究和注重"师承"关系。何谓"师承"关系，讲得直白一些就是，作为厨师要想学艺，那你首先是应当"拜师"的，尤其是在新中国成立前，自学成才在这个行业中是行不通的。

由于师承关系一直在维系着厨行的正常发展，所以和其他手艺行一样，我们的厨行也是要奉拜祖师爷的。

说起手艺行各拜祖师爷，其实对于我们今天的许多学技者来讲并不陌生。如木工奉拜鲁班，中医奉拜扁鹊，铁匠奉拜欧也子等亦是如此。那么，如此看重师承关系的厨行，究竟应该奉拜哪一位先人呢？笔者就这个问题，走访了多位前辈师傅，也查阅了大量的烹饪古籍，得出的结论是，我们不仅有先人可拜，而且还要明显地多于其他行业呢！用行话来讲就是"厨祖彭坚，厨圣伊尹，厨王詹厨！"

先说"厨祖"彭坚。这位特别被江浙一带的厨行所信奉。据说彭坚是一位老夫子，最早现身于彭城，也就是今天的江苏省徐州市。传说他还是一位神人，活了好几百年岁。更有后人说他的长寿与他会做菜善下厨有关，听说当年他烹制的鸡菜就很为人们称道！

再来说一说"厨圣"伊尹。据前辈厨师们的道听途说，这位厨界圣人，当年竟是由庖人抚养成人，所以业内对他又有"从小就学砧炉之术"的说法。

传说当年的商汤王曾把这位厨界圣人召进宫中。没想到这至高无上的一朝君王与伊尹讨论的竟是菜肴的味道。你还别说，这位厨艺高超的烹调大师面对君主一点也不显得惊慌，而是借烹调之术畅所欲言，说这调味之术为做菜之根本，大可与治国比肩，并由此引申出了"治大国若烹小鲜"这句名！意在提醒君王"烹饪虽小技，合乎道也。知味而知人，民以食为天也。厨艺虽微，而尽于忠恕之道也。"

正是因为伊老先生的这一辩证观点在砧炉间的极好运用，才使其在当年的行内得到了一致认可，称他不仅厨技登峰造极，而且更是有治国安邦之才略！更因为先生德才兼备，所以才被行内的后来者奉为"厨圣"。

最后再来谈一谈有"厨王"之称的詹厨。与前两位厨行的偶像相比，笔者以为詹王好像更多了些亲切感，为什么这样讲呢？

因为詹王就是我们川菜厨师。并且，由于他在四川厨行中的无尚权威，大家还诚心诚意地把他的生日，也就是每年的农历八月十三日尊为"厨师节"。

这个厨师节对于像笔者这样年龄的从业者来说，还是有些印象的。听我的师傅，川菜大师陈松如先生讲，厨师节在当年他们的事厨经历中，可是相当重要的。过节那天，无论规模大小，你都是要参加一些活动的，反之，人家就会说你是欺师不恭。笔者还清楚地记得，师傅每次在谈起厨师节时，脸上都会充满幸福的微笑。他总是说厨师节对于那时的厨行来讲，具有不可取代的凝聚力，因为在厨王面前，他们可以无话不说，共谋厨业之发展！

那么，在"厨王"詹厨身上发生了什么样的故事呢？记得当年我的恩师陈松如大师是这样对我们讲的："詹厨其实就是一位姓詹的厨师。但他可不是一般的厨师，而是专门给皇上做御膳的御大厨。这在当年的同业中，是相当令人羡慕的一个美差！

话说这一天，一国之君的皇帝陛下，也不知是想起了什么，忽然把咱们这位同行传到了金殿之上。对于詹厨的手艺先表扬了一番，接下来这位吃尽人间美食的皇上突然向詹王问道："天下什么样的味道最为好吃？"

你还别说，毫无思想准备的詹王，依照其丰富的事厨经历，只是稍加思索便脱口答道：当属咸味最好吃！

正当他为自己的回答感到得意之时，意想不到的事情发生了。谁知这君王在听了"当属咸味最好吃"几个字后，稍加思索认为詹厨把这样再普通不过的"咸味"当作最好吃的味道来后诉我，这分明是讥讽我不识天下真味道！想到此不由得勃然大怒，随即传令把这位敢于讲实话的厨行老前辈，推出午门给杀害了。

此事一经传开，立即震动了朝廷上下。而更为担惊受怕的还是御膳房的那些御师傅们。只因咸味好吃就问斩了一位御大厨，那就说明咱们侍候的这位皇帝是不喜欢咸味了！待他们悟出这个道理后，在后来的御膳制作中，就再也不敢放上哪怕是一点点的咸味了。

回过头来，再说那位妄杀无辜的昏君，事后也觉着詹厨被杀得有些冤枉，但身为一国之君又岂能为此而认错呢。

然而，在这事儿发生以后的每次用膳中，反觉这菜肴更是无滋无味了，有时甚至达到了无法食用的程度。

对于御膳口味的这一突然变化，这位稀里糊涂的皇帝陛下，立时就召见了御膳总管。御膳总管只得实言相告，皇帝听完也觉得有道理，后悔自己错杀了詹厨！即刻追封詹厨为"詹王"，而且为了显示其情真意切，还自动罢朝十天，让全国的百姓在这段时间里，尽情对"詹王"进行祭拜和追思。据说当年以厨行的祭拜最为隆重了。

师傅讲到这里，深深地叹了口气："也就是打这儿以后，川菜的厨师们才在心底里有了自己的崇拜偶像，才对菜肴的口味调制倾注了毕生精力！"对于师傅的这段话，作为川菜厨师，笔者不但深深理解，而且更可以说是有大彻大悟之感。

中国菜何时称菜系

中餐自清帝退位以后，可以说是得到了一个长足的发展。

首先是清宫菜流入市井，社会上出现了仿膳菜。二是一些官绅私厨也来到了民间，市场上出现了"谭家菜""纪府菜"等。三是江南一带的银行家和达官贵人的寓所也在公开举办筵席，被当时的社会公认为是"公馆菜"。

再加上早已在社会上站住了脚，且又形成一定规模的各省市各区域的菜肴，当时在咱们中国的大地上可以说是方菜林立风味百出。

但是，就当时的方菜称谓来看，则几乎都是沿袭"帮菜"或"帮口"之称的，如川菜叫"川帮菜"或是"川口菜"那样。

但到了新中国成立以后的第二年，也就是上世纪的1950年，为了方便行业管理，国家相关部门才决定，把行业中的"帮口"汇总归类改称"菜系"。

这样，在始称菜系之时，我国虽有数十个邦菜，但出于行业规范的考虑，只推举出了具有区域代表性的四大菜系，这就是人们熟知的"四川菜系""广东菜系""淮扬菜系"和"山东菜系"。

　　长江上游的川菜除代表本省的饮食风格以外，还旁及到贵州、云南、湖南、湖北等地，其菜品朴实文雅，具有浓郁的乡土气息。

　　长江下游的淮扬菜除代表江苏省外，还集中体现了上海、浙江、江西、安徽等地的饮食习俗，其菜品精致，讲究本味。

　　珠江流域的广东菜，除代表广东省外，还着重显示了广西、海南、福建、台湾、香港等地的口味风格，其菜品用料讲究并广泛，求新意识强。

　　黄河下游的山东菜，除代表山东省外，几乎是包括了整个华北、东北及中原地区人们的饮食习惯，其菜品以品种繁多、注重口味为特点。

菜名有趣闻 点菜需谨慎

如果你不是内行的话，相信一定会有这样的经历，就是面对那些五花八门的菜名，要么是不知道点什么菜好，再不然就是不大不小地被忽悠了一回。两个松花放在一盘取名叫"小二黑"，口条和耳丝放在一起又被称作是"悄悄话"的菜名虽有些夸张，但类似的尴尬，在餐厅那花样百出的菜牌菜名面前，谁又没经历过呢？

笔者在这里，以一个行内人的身份，仅就我们餐厅点菜时经常会遇到的一些内藏悬机的菜名，给您一些小提示，使您点菜时心里有个数！

1. 吃鸡不见鸡的鸡豆花

"鸡豆花"三个字，你肯定会认为菜中会有"鸡"。其实这个菜在食用时是完全见不到鸡的影子的。鸡肉经过数道程序加工，已是把其做成了"豆花"状。

2. 吃鱼不见鱼的鱼圆

"鱼圆"二字同样会使你以为在菜中会有鱼的身影在盘中，但菜上桌后，见到的却只有色泽洁白的鱼圆在盘中，其实这是鱼肉经过细加工制成。

3．开水白菜中真的是开水吗

否！开水二字在这里，只是被用来形容汤的颜色（如水那样清澈）。其实这个菜中的"开水"那可是用特制的上等清汤来制作的，反之它就不能成为中外驰名的名馔佳肴了。

4．鱼香菜中真的会有鱼吗

否！在鱼香菜中，你是无论如何也见不到有鱼出现在菜中的。只是因为制作时用了"鱼辣椒"来调味，所以才被称为鱼香菜的，如鱼香肉丝、鱼香虾仁、鱼香里脊、鱼香茄子、鱼香尤菜、鱼香丸子、鱼香八块鸡、鱼香鸭子等皆是如此。

但这里应该指出的是，以上鱼香菜指的是在那些正宗的川菜馆制作的，如果你使豆瓣酱代替鱼辣子入菜，那你这菜与鱼香可是说不上话儿的。

5．荔枝腰花中真的有荔枝吗

否！荔枝二字，在这里是针对菜肴的"甜酸"口味而言，是说它尤如荔枝那样甜酸好吃。如荔枝肉片、荔枝鲜鱿、荔枝墨鱼仔等就是如此。

6．子龙脱袍真的和赵子龙有关吗

否！子龙二字在这里意为"紫龙"，是针对鳝鱼而言。脱袍是指鳝鱼像"人脱衣服那样"表皮被剥下来（片剥）。

7．龙虎汁中真的会有龙和老虎吗

否！龙在这里指蛇，虎在这里指猫，把蛇肉与猫肉同烹一菜是也。

8．连锅汤真的是"连锅"上桌吗

这回还真让你给猜对了，此菜在当年还真是因"连锅"上桌而得名，但如今却不多见，特别是在宴会包席中，早已是以碗代锅上桌了。

9．灯影牛肉真的能薄得透过灯光吗

是的！对于这一点笔者深有体会。牛肉片水分被烘干后，对着灯光一看，的确可透见光亮。不然的话，它是不能成为川菜标志性菜肴的，因为当年的师傅在给菜肴取名时，可不敢如今天的师傅们胆大无畏。

10．樱桃肉中真的有樱桃吗

否！"樱桃"二字在这里其意有二。一指菜肴之颜色。因用蕃茄酱来调味，所以，它的颜色也就会如同樱桃那样鲜红好看。二指菜肴之口味。菜肴的味道如樱桃那样甜香可口，所以业内常以"樱桃"二字来相称。

11．桃花泛中真的有桃花吗

否！"桃花泛"三个字在这儿特指菜肴的颜色。用蕃茄酱调味，菜肴的色泽就会如桃花那样鲜艳好看。

12．蚂蚁上树中真的是有蚂蚁吗

否！"蚂蚁上树"四个字，在这里特指菜肴的形状。菜中肉末粘在粉丝上，尤如蚂蚁爬上树枝那样，所以业内才形象地称其为蚂蚁上树。

但笔者在这儿需要指出的是，有的二把刀师傅，把此菜简单地当作肉末烧粉丝那样来制作，所以是不会出现肉末粘在粉丝上这种形状的，因为他锅中的那些"树枝"过于光滑，"蚂蚁"是不可能爬得上去的。

13．灯笼鸭子中真的会有灯笼吗

否！"灯笼"二字在这儿是指菜肴的颜色而言，是说通红透亮，像灯笼那样好看。

14．神仙鸭子中真的会有神仙吗

否！"神仙"二字在这儿是针对食客在吃完鸭子以后，那种"心满意足"的状态而言，就好像神仙那样陶醉。

15．水煮牛肉真的是在用"水"煮吗

否！"水"在这里只不过是一个虚指，它的实际内容是针对"麻辣浓汤"而言。难怪开始吃这个菜时，你会大呼上了这"水"字之当！

16．李鸿章杂碎真的是在做"杂碎"吗

否！这里的"杂碎"，并非是平常所讲的"羊杂碎""牛杂碎"，而是特指多种荤素食物放在一起做菜。传说当年李中堂代表清政府出使美国，在宴请美国外宾的宴会上，随行厨师把一切可做大菜的原料都用光了，但嘴馋的那些食客还是吃兴不减，于是，厨房就把所剩的荤素原料集中在一起烧了一个大烩菜，但客人吃了依然很满意，随即问中堂这为何菜？于是，见过大场面的中堂大人机敏地随口答音道："杂碎是也！"。

17．虾须牛肉中真的有虾须吗

否！虾须二字在这儿是针对牛肉丝的颜色和形状而言。像虾须那样色红和细长。反之是不能称之为是虾须牛肉的。

18．火鞭牛肉中真的有鞭炮吗

否！"火鞭"二字在这儿是针对菜肴的形状而言。牛肉成菜后，尤如"鞭炮"之形状十分喜人。

19．玻璃烧麦中真的有玻璃吗

否！"玻璃"二字在这儿特指烧麦的皮很薄，尤如透明的玻璃那样，可以见到里面的馅。

20．熊掌豆腐中真的有熊掌吗

否！熊掌二字在这里特指豆腐的长方形状而言。因为行业里还未曾有过熊掌与豆腐同烧一菜之先例。

21．水晶虾饼中真的有水晶吗

否！"水晶"二字在这里是指虾饼成菜后那洁白明亮的颜色。

22．雪花鸡淖中真的有雪花吗

有！不过这雪花可不是天然雪花，而是蛋清抽打起沫所致。

23．棒棒鸡中真的有木棒吗

否！"棒棒"二字在这儿特指鸡肉成菜以后那类似"小木棒"样的形状。

24．龙眼甜烧白中真的有龙眼吗

否！"龙眼"二字在这儿是指成菜时，猪肉卷起时所构成的形状，尤如龙的眼睛那样传神。

25．炸扳指中真的有扳指吗

否！"扳指"二字在这儿特指肥肠成菜后，其形状尤如拉弓时手指所带的"扳指"那样。其作用和做针线活时的"顶指"相同。

26．香菇凤尾中真的有凤尾吗

否！"凤尾"二字为业内专用语，意指青笋尖，被改刀后其形状有如凤尾那样好看。

27．口袋豆腐中真的有口袋吗

否！口袋二字特指豆腐成菜后所构成的形状，如口袋那样，而且还会内含汤汁。

28．松鼠鱼中真的有松鼠吗

否！"松鼠"在这儿特指鱼成菜后所构成的形状，有如松鼠那样活泼可人。

29．翡翠虾仁中真的有翡翠吗

否！"翡翠"二字在这儿特指虾仁成菜后其鲜绿的颜色。

30．莲蓬豆腐中真的有莲蓬吗

否！"莲蓬"二字在这儿是指豆腐成菜后所构成的形状，有如新鲜的莲蓬那样生动可人。

31．三杯鸡中真的会有三只杯子吗

否！"三杯"在这儿是指菜肴调味时，所放的烹调油、黄酒、酱油之量是用杯子来表示的。

32．豉汁盘龙鳝中真的有盘龙吗

否！"盘龙"二字在这儿意为鳝鱼在成菜后，所构成的尤如"盘蛇"那样的形状。

33．羊蝎子中真的有蝎子吗

否！"蝎子"二字在这儿特指羊脊骨生时的形状，与蝎子形状很是相似，故得名。

第二章　中华名菜第一人

树有根水有源。名菜的形成其实也是情同此理，无论是名气多大的名菜，总是应该有第一个制作的名菜，总是应该有第一个制作或是第一个吃到它的人，反之它是不会成为名菜的。

本节内容以溯本求源之方式，诠释了部分名菜之成因，相信您休闲读来也会有乐在其中之感。

火腿高汤第一人

　　作为职业厨师，特别是高档宾馆饭店的大厨们，谁都不会忘记，每每我们在烹制诸如鱼翅、鲍鱼、海参、大虾、猴头蘑、鹿筋、牛筋、驼掌等高档菜肴和一些高规格宴会中的汤菜时，都必须要用一种十分讲究的调味品，这就是人所共知的"火腿高汤"！

　　作为鲜味调味剂的火腿高汤，但凡用过它的人都会知道，它实际上是采用多种上等原料，经过精心秘制而成，其鲜香之味那个浓劲儿，可以说在咱们中餐同类调味品中，绝对是拔了头筹的，起码目前还没有哪一种鲜味调味品能超过它的。

　　讲到这儿，你可能会说我在吹牛，其实真的是这样，平常我们所做外会中的红烧海参（水发海参七百五十克左右）如果往菜中滴上那么五六滴火腿高汤的话，那味道可就是 OK 极了，其鲜香之味较前相比，就会有根本性提高。海参那固有的腥气就会从根本上得到转化，毫不夸张地讲，吃过用火腿高汤调味的红烧海参（其他菜肴也一样）那别的红烧海参你就别吃了。真的，这是实践得出的真知！

那它为什么会有这么醇鲜的味道呢？您别着急，且听我把这中道理一一给你道来。一是选材精细，货真价实高品质。这么实实在在的口味如果没有真材实料的话，根本不可能做得出来。其实这也正是火腿高汤在中国调味品市场上能立于不败之地的根本原因！精选江南极品金华火腿（火腿中那些筋皮肥肉弃之不用），加上农家放养的土鸡，猪的大棒骨，还有清鲜气味极浓的江南特有之鲜笋，再调以正宗的绍兴黄酒、八角、桂皮、党参等十几种调料，历经"大火烧开，小火出味"直至"中火收浓"三个火候阶段，终于熬得这被行家公认为含有多种鲜味成分的鲜味剂。真可谓是滴滴醇珍，不可多得！

二是至善至美鲜味无限。由于火腿高汤完全吸纳、保留和浓缩了金华火腿等数十种原料的鲜香口味，我们有理由把它当作"鲜香味道集大成"者用于那些高档原料菜肴的制作当中（一般菜肴还真没资格用火腿高汤来调味），因为它内含的"调味因子"能在瞬间改变菜肴的原有味道，从而使鲜香味道得以最佳程度地释放而出。

然而，这么鲜美无比的调味品（调料或是调味剂），你可曾想过，它是什么时候，又是由谁来发明研制的呢？其实这里还真存在着一个富有传奇色彩的故事。

话说当年乾隆皇帝江南巡游，途经今浙江省的杭州市，忽觉龙体有些欠安，茶饭不思。这下儿可忙坏了随行的一干人等，连忙找店房住了下来，急请当地有名的医生前来诊治。哪曾想药过几味仍不见好转。一时间众人还真有些不知所措。

话说这一日，乾隆帝在店房中实在闷得慌，便由随从陪着一同来到大街闲逛。面对一派完全有别于京城的市井风情，大家见乾隆帝的精神状态好了许多，有说有笑地走在一行人的最前面。

走着走着，忽然间有一种奇妙的香气顺风飘来。乾隆帝不由得为之一振，这等味道在京城还真未曾闻到过，便领着从人顺着香气径直找寻起来。不知不觉便来到了一条小巷之中。这味道越来越浓，居然把皇帝的食欲调动了起来，突然想吃东西了。

乾隆帝不由得加快了脚步，转眼就来到了快到小巷尽头的一座宅院前，这种味道就是来自这一家。青砖门楼，灰色围墙更显一派宁静深远。

乾隆帝命人前去叫门。院门开处，但见一个七八岁的男童伸出头来惊讶地望着他们。"这是你家吗？"那男童不知所措地"嗯"了一声。"告诉你的父母，我们想进院看一看。"小孩儿一听，忙转身向院里跑去。过了一小会儿，只见一个江南装束的中年女子走过来。面对乾隆帝等人（她哪里知道，眼前这位中年男子就是大清的万岁爷呢），微笑着问道："请问你等来这儿有什么事吗？"随从们看了看乾隆帝没敢多嘴。乾隆回答："是你家飘出的香味把我们引来的，我等想近前看个究竟，不知这位大嫂可能应允？"那位女子一听松了口气，便应声答道："噢！原来是为这呀，我正在家中用火腿熬制一种香味调料呢，如不嫌弃，你等尽管进门来观看！"乾隆帝一听不由得喜上眉梢，大步随那女子走进了院中，往堂屋一看，有一口大锅正在腾腾地冒着热气，那种奇异的香味正是从这里飘出来的。

那女子用手一指那冒着热气的大锅对他们说："这是我们这一带用于菜肴调味的'火腿高汤'"。说着，她用勺子分别给乾隆帝等人各盛一些让他们品尝。

众人手端小碗并没敢直接入口，他们等着万岁爷先品这火腿高汤呢！

只见乾隆皇帝轻轻用手夹住那只粗瓷小碗，看了看，又闻了闻，试着喝了一小口儿，稍过片刻，只见乾隆帝是龙颜大悦，这味道怎么会如此鲜美呢？顿觉心清气爽，食欲大增。不但大大地对这女子赞扬了一番，还破天荒地召这女子一同前行，准备带回京城的御膳房，专门给皇室制作这火腿高汤！

至此，这道原本出自江南的调味佳品，便随它的主人在京城扎下了根，不久又由皇家御用而传入达官贵人的深宅大院，以至最后流传到了民间而为餐企所享用至今！

时至今日，这款有着悠久传统文化底蕴的鲜美调味品，历经数代人的不断创新提高和精制，更是焕发出令人欣慰的生命力，在中餐制作中不可或缺。

作为它的使用者，我等后辈对那位首创"火腿高汤"的江南女御厨，能不心存感激之情吗！

怪味鸡第一人

熟悉川菜的行外人和制作川菜的行内人，恐怕没有不知道"怪味鸡"这道凉菜的！

但凡你走进一家川菜馆，不管它实际菜肴做得怎样，在菜单上你总能见到"怪味鸡"这三个字。

是的，作为川菜中有着悠久历史的一款美味小菜，怪味鸡在业内的影响确实超过了佐酒开胃之范畴，已成为川菜厨师衡量技艺水平的试金石和检验川菜厨师是否合格的分水岭。

笔者工作在北京四川饭店，这里制作的怪味鸡虽不敢说百分之百的正宗，但怎么也可以说是八九不离十。因为饭店的凉菜制作，每每都是在著名川菜大师陈松如先生的顾问下进行的。不仅菜肴制作所需的各种调味原料都要师傅们亲手调制，而且味汁的具体勾兑，可以说一点一滴都是精心调兑的，特别是哪个先放哪个后放，其顺序是不能有一点含糊的。否则，饭店的怪味鸡也不会得到客人的褒奖。毫不夸张地讲，到目前为止，饭店中的凉菜从口味上讲，还没哪一道能够取代怪味鸡的，而且它的上菜率在饭店可以说是百分之百。从一般的朋友聚会到商务宴请，从高档次高规格的宴请，到党和国家领导人举办的国宴，凉菜中可以说总是少不了怪味鸡！

那么，作为一款凉菜，怪味鸡为什么能有如此魅力呢？作为饭店1984年北京第一批技师，笔者以为还是有资格有能力来回答这个问题的，因为我每天都能见到这个菜，而且每每师傅们在做这个菜时的一举一动一招一式我都是可以记忆在心的，不客气地讲，名师勾兑的怪味汁我也都品味过。所以我认为，自己在谈这个问题时是不会讲行外话的。

其实怪味菜肴的诱人之处，并不在它的主料（除去鸡肉以外，其他很多种原料都可以怪味来做菜），而全在它那风味独到的怪味汁！

平常总讲"怪味"，但究竟什么样的味道才真正能称得上是"怪味"呢？笔者以为，在一种味汁中，要先后能食出"麻、辣、咸、甜、酸、香"六种味道来。而且这几种味道在食出时要先后有序，互不挤压。用师傅们的话讲就是"该浓则浓，该淡则淡，该厚则厚，该轻则轻"，反之就不能称其为"味中有道"了。这话猛然听来你不会全懂，个中道理只有在菜肴制作实践中才会悟出！

总之一句话，作为川菜厨师，如果你不能较好地调制出这种怪味汁，笔者以为，你是应该脸红的。

然而，这么一道中餐里独一无二的菜肴口味，它又是由谁，在什么情形下制作出来的呢？为此，笔者一遇到川菜的老师傅就会专门儿打听这事儿。经过总结归纳，有这样一种版本的说法，还算是比较权威的。

这一版本的说法是讲，怪味汁最初是由咱们的前辈师傅们发明的。具体时间已经不详。当年在成都的南城区，有一家专营各种熟食凉菜的餐厅，字号是"望江春"。每天这里供应着自己煮制的鸡鸭、牛羊等各种荤食，还有用各种时令鲜蔬拌制的多种佐酒小菜。据老人们讲，当时的生意可是红火极了。平民百姓可在店中买来小菜佐酒，那些有钱人家则都要伙计打包送菜上门！

生意红火，高兴的当然是老板了。而里面的师傅们可真是累坏了，不仅要把各种原料或卤，或酱，或煮制而熟，而且还要勾兑各种味汁浇菜。诸如红油味汁、麻辣味汁、椒麻味汁、葱油味汁、蒜泥味汁、姜汁味汁、糖醋味汁、芥末味汁、香油味汁、麻酱味汁等都必须在客人进门前就要调制好，就这些味汁就已足够一个人忙活两个小时了。所以，师傅们虽然每天都把活干了，但是心里却极不情愿。

话说这一天，轮到一位姓胡的师傅来勾兑这些味汁了。可能是头天晚上没睡好觉，要不就是多喝了两杯，所以他走进厨房时，大伙见他还是一副无精打采的样子，用同行们的话讲就是"懒散得要命"。

只见我们这位胡师傅，先是来到砧板前，把勾兑味汁所需的各种小料都一一切好，又各自装入碗中，来到佐料桌前，左手拿碗，右手拿手勺一样一样地开始往碗中兑着调料。说句实在话，这十来种味汁真要是一次都兑完，那还真够累的。

你还别说，没过多一会儿，这一碗碗的调味汁就差不多快兑完了。这时又见这位胡师傅左手拿起了一只大碗，右手又拿起了手勺，来到料桌前勾兑起来。也不知是累了，还是头天没休息好（多半是喝多了，要不然也不会睡不好觉），脑子有些乱，只见他的手勺几乎是把料桌上所有的调料都取了个遍（这次真成了胡师傅了），稀里糊涂地就把这味汁兑好了。

时至午后，生意才算闲下来。只见一位师傅拿着鸡肉盘里所剩余的原料（下脚料）随手放入一个味汁碗中蘸了起来（你说怎么这么巧，他蘸的这碗味汁，刚好是咱们那位胡师傅"慌乱"之中勾兑的那碗），顺手取出放进嘴中刚吃两口，就呀的一声吐了出来。"这是什么味呀，怪怪的，说麻不麻，说辣不辣，咸了巴叽的，还有点甜，噢！这厚味中还能吃出点酸和香呢"，他生气地朝胡师傅问了一句，"你尝尝你今天兑的这是什么味汁呀？"听他这么一问，这位胡师傅也愣了一下儿（头脑倒是显得清醒了），用筷子蘸了一点味汁放进嘴里，细细品味起来。"要说今天这味汁的味道好像是与往常的有些不同，但你要说它有多难吃那倒也不见得。"他又喊来其他几位师兄一同来品尝。你还别说，待他们尝完以后，也都说这味道还不算难吃！

只是自己说好吃还不能算数，关键是上午所有的鸡肉都是浇了这个味汁才卖出去的，看看客人是什么反应吧！果不其然，下午刚一开门，就有顾客来到了鸡肉前，我还要一盘上午那个味道的白切鸡。什么，我没听错吧？这位师傅一听连忙问："您真的还要一盘上午那个味道的白切鸡？""对呀，怎么啦？你们上午是不是推出了个新品种，我们都觉得比已往的味道好吃。"

嘿！竟有这事儿？这位师傅一听差点笑出了声，想不到这胡师傅稀里糊涂地竟还创制出了一道新口味！接着，几位师傅便来到了这位胡师傅身旁，问他这味汁是如何勾兑的？胡师傅右手摸头连声说："我也记不清是怎样勾兑的了。"那你就用手勺找找感觉，照猫画虎地再勾兑一遍。你还别说，这时咱们这位胡师傅的脑子倒是满清醒的，只见他左手执碗，右手拿着手勺在师兄师弟们的注视下，一样儿一样儿地把调料都放入了碗中，然后再用筷子把其调匀。在场的所有人都各取了一些放进嘴里，稍微这么一尝，是你看看我，我瞧瞧你，也不知是谁先说了一句"这味道果然不难吃呀！"大家又你一言我一语地议论开了。这时只见那位年纪最长的老师傅，左手端起汁碗，右手执手勺来到了料桌旁（大家也急忙跟了过来），用手勺又星星点点地取了些调料放入碗里，搅拌均匀以后，叫大家再尝一尝味道如何？稍过片刻，大家各自张着嘴在品着滋味。行！味道不错。这次比上次（胡师傅勾兑的味汁）味道均匀多了。大家你一句我两句地争着发表意见。老师傅见大家的意见这么统一，便开口说道："不管怎样，这种味道的调出还应归功于胡师傅，这种口味可就要作为咱们餐厅的一种味汁来正式外卖了！"大伙一听，不由得异口同声附和："没意见！"

汁是好汁，味道更是不错，但它也应该有个名字吧，要不然你怎么称呼它呢？各位师傅一听也觉得有道理。那叫什么名字呢？大家各自低下头来认真思考起来。这味汁差不多是把咱们调料中的味道都占全了。大约过了半支烟的工夫，还是没有人想出一个大家公认的名字来。这时，还是咱们那位胡师傅瞪大双眼紧锁眉头，深深地吸了两口烟，轻声慢语地说道："这味道比起已往的味汁口味真是怪怪的，还真说不好该叫什么名字？""什么！"这时有一位中年师傅朝着胡师傅大声问道："你把刚才的话再讲一遍。"胡师傅一听不以为然，我没有说什么呀，只是说这味道怪怪的。"对了，就是这'怪怪'两个字，干脆我们就拿出一个'怪'字来称呼这味汁吧。"大伙儿一听，都小声议论起来。怪味怪味，你还别说，这个名字不但好听，而且也把所有的味道味别都包括进来了，我们同意叫这个名字。

这时那位老师傅又站起来对大家说，关键是这个"怪"字还把咱们川菜厨师"重味道尚滋味"的个性全都体现出来了，而且到目前为止，还没听说哪一方菜有"怪味"这么一道口味呢！

一语中的，这位老师傅讲得真好！自打这天下午开始，这道开了中餐口味调制之先河的"怪味"可就在这望江春餐厅卖开了。由于这味汁上午就是作为白切鸡的味汁来使用的，所以下午菜牌上干脆就写了"怪味鸡"！

什么，怪味鸡，怎么下午这白切鸡就改成了"怪味鸡"呢？真新鲜，就说咱们四川人讲究口味，那也没听过有"怪味"这种味道呀！在大家的一片议论声中，往日卖到晚间的白切鸡，下午还没到就被食客们尝鲜买完了。

唉呀，真没想到，这"怪味"能给咱们带来这么好的生意，咱们还真得感谢这位胡师傅呀！

没过多久，这一款"怪味鸡"就卖红了这一条街。由于都是同行，师傅们一尝也就都知道了个八九不离十。于是，其他餐厅也都相继卖起了"怪味鸡"！

更让人想不到的是，时间过了仅仅两个多月，这怪味鸡居然卖遍了整个成都市的餐饮界，即使你在那名不见经传的街边小店，也都能看到"怪味鸡"三个字。

诸位看官，故事讲到这儿，也许你会说了，敢情这么有名的一道口味、一款名菜是在不经意间创做出来的呀！是的，虽然怪味形成于我们的意料之外，但作为川菜厨师，如果细想起来，其实也在情理之中。要知道，川菜在中餐中一向是以善调口味而著称的！

笔者以为，倒是我等这些制作此菜的后来入厨者，应对我们那位胡大师心存些敬意和感恩之情的，你说呢？

严洲干菜鸭第一人

1993 年笔者在厦门主厨期间，受朋友之邀去一家新近在鹭岛开张营业的浙江风味餐厅就餐。时近中午人已到齐，开始点菜，有人主张每人各点一个菜，但不宜重样。我们分别拿起菜单认真看了起来。作为同行，我早听说过江浙一带的烧鹅烧鸭做得拿手，便把注意力放在了禽菜一栏。翻来翻去"严洲干菜鸭"五个字吸引了我。因为有彩图，我还算了解个八九不离十。只见干菜铺满盘中，二十几块鸭肉扣放中间，周围摆了一圈儿奶油小馒头。嘿！这还真像北方餐馆所卖的"梅菜扣肉"或是"冬菜烧白"呢。

为了吃个明白，我当机立断点了这道"严洲干菜鸭"！

您还别说，这家餐厅做的菜还真挺地道，味道更是风味百出，浓不燥人。清中有味，味中显醇，直吃得我们这些行内人也挑不出来什么。但我还是紧紧盯着我点的那道"严洲干菜鸭"。没过一会儿，冒着热气儿的那盘"严洲干菜鸭"被服务员轻手轻脚地端放在了我们的餐桌上，我忙停止了谈话，认真端祥起来。总的来看和彩图相近，鸭肉红红的，干菜呈棕褐色，只是那奶油馒头白得有些失真。

我忙对大家说："请各位尝一尝我点的这道'严洲干菜鸭'做得怎么样。"各位还真捧场，纷纷伸出筷子，有的夹鸭肉，有的品干菜。我更是显得有些在行，先夹了一块鸭肉，又来了一点干菜，先品鸭肉再尝干菜，来了一个吃喝两不误！

这一吃不打紧，真品出了些名堂。鸭肉软嫩酥烂，江南湖鸭特有的口感和味道可以说是每样都不缺。再说那干菜更是食之化渣醇香之味浓郁。"真是一道江南风味十足的鸭菜呀！"我在心中不由自主地发出了这样的感叹。

"严洲干菜鸭"，从这菜名上我断定，其中必有些名堂，我们今天何不来个品干菜鸭之美味，探严洲之究竟呢，别我们吃了半天，还不知道它为什么叫"严洲干菜鸭"呢！

大伙听我这么一提议，连声说请他们的老师傅来亲自给我们讲一讲。我诚心诚意地向服务员讲了我们的请求。她说她也做不了主，要去厨房请示一下儿。这个我们当然是理解的。

大约过了六七分钟的样子，她走过来告诉我们，老师傅一会儿就会来给你们讲的。我请她重新备了一套餐具专候老师傅。

大概过了一刻钟左右，见一位看上去约有五十岁上下年纪的老师傅在那位服务员的引领下朝我们走来。我们立即站起迎接。"这是我们店的厨师长王师傅"，服务员说着又面朝老师傅右手一摆，"就是他们几位请您"。我忙上前双手握住王师傅的手，想请他给我们介绍一下"严洲干菜鸭"的来历。

王师傅一听笑了起来："没问题，这个好说！"

我们请他坐下，送上了一杯新沏好的铁观音。只见他喝了两口茶，稍加沉思就轻声慢语地讲了起来："严洲干菜鸭"可以说是咱们杭州菜中传统较为久远的一款鸭菜。关于它的始末缘由在我们当地的说法有好几个版本，我今天就把这较为通行且又最权威的一种讲法说给各位老师听听。我们连忙点头表示感谢。

只见王师傅深深地吸了两口烟，稍沉片刻，就不紧不慢地对我们讲了起来：听前辈的老师傅们讲，这个菜开始制作于我们浙江省的严洲地区，距今大约有近三百年的历史了（我们一听不由得面面相觑，果然是一款有着历史底蕴的传统名菜）。

话说那年乾隆皇帝率众巡游江南，这一日来到了当时被称作严洲府的南郊外，被山清水秀人杰地灵的江南景色吸引住了，于是便率众随从慢条斯理地游玩起来。哪知正在兴起之时，突然从丛林中来了七八个壮汉，但见个个是拧眉立目豹眼圆睁，一副七个不服八个不愤儿的样子，大步来到了众人面前。乾隆爷等一干人等睁大了两眼看着他们不知所为何事。这时只见来人中一个小头目模样的人几步来到他们面前，说他们是严洲郊外的一伙强人，要他们把金银财宝等留下来才可保他们平安无事。乾隆等人一听，原来是遇上强盗了，看来今天光靠讲理恐怕是不行了（乾隆心里其实早就有了底，因为这随从中就有皇宫中的大内高手），于是乾隆厉声道："我们没有钱，而且也根本不想给你们，尔等要想怎样就直说吧！"那个小头目一听这话，你想啊，他能服气吗，便手一扬对他的那伙兄弟们喊道："不给钱那咱们就打吧！"

这一喊不要紧，双方就打开了交手仗。但您可别忘了，乾隆这边的大内高手个个可以说是武行名家，身手不俗，所以乾隆爷稳稳当当地站在一旁看热闹，一点儿不慌。果然不出所料，只一杯茶的时间，但见那伙强人一个个被打得鼻青脸肿倒地不起，纷纷叩头求饶。乾隆心想，虽有强盗之行，但还罪不至死，给他们一些教训也就够了。于是便大声喝道："尔等四肢俱全，身强力壮，不干些正经营生，偏来这里打劫行人，今天老夫给你们一个改过自新的机会，但如果你等不思悔改，若再让我们碰上，那将是定斩不饶！"

经过这么一折腾，大家顿觉腹内饥饿，抬头一看，已时至正午，便匆匆下山寻找吃食。

我们几个都被王师傅这绘声绘色的讲述给吸引住了。只见他又喝了一小杯功夫茶，便又轻声慢语地讲起来：话说这一干人等下得山来，见前方不远处有炊烟升起，便大步流星朝这儿走来。

大约走了一袋烟的工夫，便来到一个农家小院跟前。没有门楼，便直接进得门来。见堂屋有一中年农家女子正在烧火做饭。乾隆帝便命人前去说明来意。那位女子一听是前来寻饭，又见他们并无恶意，便爽快地答应了，请他们屋中落坐。

见来人有七八个之多，那女子便随手抓来了家中饲养的两只麻鸭，急忙收拾。但此时正值换鸭毛之季，也就是说鸭皮上的"绒毛"是很难去净的。但时间又紧，所以也就顾不了那么多了。不一会儿这鸭肉就炖入锅中了。但你别忘了，这鸭毛是越受热就越明显。这位女子也是越看心里越觉着不合适，这样的鸭肉怎么给人吃呀！

情急之下，她便随手抓起两把自己腌制的干菜放入了锅中。你还别说，在干菜的"掩护"之下，鸭肉上的那些绒毛还真看不见了。

也许是饿过头的原因，鸭肉端上来以后三下五除二就被吃了个精光。乾隆帝还不停地夸"好吃好吃"，众人当然更是随声附和"好鸭好鸭"。见客人不住地夸奖，这女子心中就想，莫非这鸭肉用干菜来烧真的会如此好吃？乾隆回宫后，时不时就会想起那农家女做的干菜鸭，曾多次派御厨仿制，但始终觉得没有那农妇烧得好吃！

再说那农家女子，过了好长时间才听说那次来家寻饭的是大清皇帝和大臣们，便激动得不得了，就踏下心来专心制作起这"干菜鸭"来了。心中总在幻想，说不定哪一天乾隆爷还会二次到咱这小山村来吃"干菜鸭"呢！

我们见王师傅一口气讲完了这么动听的故事，感激之情便油然而生。只听他又补充道："随着时间的推移，这款干菜鸭也走出了大山来到了城市，且走进饭庄酒楼。经过不断的研制创新达到了刚才几位老师们所吃到的质量。只是把此菜的始创地'严洲'加入了菜名中，也就是菜单所写的'严洲干菜鸭'"。

我们一再向王师傅表示了谢意，这才是：两把腌干菜，成就一锅鸭。乾隆吃说好，"严洲干菜鸭！"

樟茶鸭子第一人

　　作为学做川菜四十又三年的笔者，不知亲手制作了多少只樟茶鸭，但它是由谁来发明创制，这个疑问一直藏在我心中。因为按照川菜多年形成的惯例来看，但凡风味独特的传统名菜都是有出处的，就像麻婆豆腐缘自陈姓面部稍麻的阿婆，宫保鸡丁出自清朝名臣丁宝桢那样。

　　一个偶然的机会，笔者在旧书店无意中看到一本介绍晚清御膳房概况的书，里面竟有关于"樟茶鸭"制作始末的记述，谁人制作，用什么原料制作，又为什么本应归属宫廷菜，却偏偏鸭落川菜之中？

　　说来话真的很长，故事发生在清朝的晚期，有一个名叫黄敬临的年轻人终日苦读科举得中，但一直没有外放的机会，一段时间内也只能是在京候补。功夫不负有心人，终于等来了一个远在广东的七品官的缺儿。但这位黄姓书生却不甘心，通过门路辞官来到了御膳房当差。

　　说来也巧，御膳房大总管见黄某聪明心细，便把他派到了都不愿去的慈禧御膳房当了一名总管。

　　说句心里话，专司太后伙食的御膳房，一般头脑的人还真做不了。虽然升迁机会明显多于一般御膳房，但这其中的风险可也是大得多，用当年御膳制作者们的话讲就是，说不定因为哪个菜咸了，老佛爷脸一沉就会要了你的性命！

作为读书人，黄敬临自打来到慈禧御膳房的那天起，就绞尽脑汁，竭尽全力当好每一天差。

当时，宫中烹调制菜无疑是以满菜居多（虽有汉食但不为主），所以，太后每天的伙食还真的不好打理，所以他也就越发地用上了心思。

当时鸭子在宫中总是以"熏烤"为主要烹调方法。偏巧时值明前，正有福建进贡来的鲜嫩茶尖，黄见此不禁灵机一动，这鲜嫩碧绿的茶尖何不放些在燃料中来熏制鸭子呢？有了这个想法，但他还是不敢贸然行事，先试着熏了一只，又找来几位大厨来共同品尝。大家一致认为质量没问题方可正式制作呈献给老佛爷，不然的话，说不定他们会因此而误了前程丢了性命。

这一时刻终于来到了，当黄敬临亲自把用茶尖熏制的鸭子送给太监的那一刻起，他的心可就悬了起来，不知道这步棋给他带来的是福还是祸！

刚过不大一会儿，太监传话叫黄总管进宫来见太后。这下儿黄敬临可慌了神儿。行完见面礼，黄听老佛爷问道："今天这鸭子味道怎么这么香啊，这是谁的手艺呀？"听到这儿，这位黄总管的心才放回肚子里，连忙答道："鸭子在熏制时，添加了一些福建进贡的鲜嫩茶尖，是我亲自给您制作的。"太后听罢喜笑颜开："那么说这是只茶鸭喽。"（不曾想就这"茶鸭"二字，成就了传世的经典川菜）说者无心，但听者有意，慈禧的"茶鸭"二字使黄敬临茅塞顿开，正愁此鸭还未得其名，谁想今日不经意间得老佛爷赐名！

打这儿以后，慈禧不但自己常食这茶鸭，而且还经常以茶鸭来款待外国客人，并一再夸奖这道鸭子表皮酥脆，肉质细嫩，香味独到，茶香味美，是宫中难得的好吃食！

得到了太后的赏识，黄总管越发用心研制了此鸭的制作，并因此鸭用茶是福建的漳州进贡来的，便取"漳"字与"茶鸭"合称为"漳茶鸭"。

后来因清帝退位，已为壮年的黄敬临也带着他的"漳茶鸭"等宫中名菜来到了四川成都。至此原本源自御膳房的"漳茶鸭"便成了地地道道的川菜名馔！

这里应该指出的是，许多（几乎是所有）的川菜菜单中都把"漳茶鸭"写成了"樟茶鸭"，已然约定成俗，其实这是一个错误！

佛跳墙第一人

在当下的中国餐饮界，最令人向往的美食恐怕就是佛跳墙了。

为什么这样讲呢？因为在国人的心目中，那一小罐一小罐中的食物真是太神秘了，听说那里边除去山珍就是海味，有的甚至我们连听都还没听说过呢！那些行外人甚至还说哪怕能吃上这一罐（此菜以每人一小罐来售卖）佛跳墙，再饿上半个月也是值得的！

话虽有些夸张，但从一个侧面也确实反映出了咱们没吃过此菜的人对这佛跳墙的向往心情。

是的，在当今中国人的餐桌上，还真难得再找一个高贵于佛跳墙的菜肴。但要真说到味美无比，作为从业四十三年的笔者以为，那倒也不见得！

有人问了，那么多的好东西放在一起做菜还能不好吃吗？您还别说，有人问了，正因为这么多种类的上乘原料都放在同一锅（罐）中烹制，反倒使菜肴的火候口味难以达到十全十美。这是为什么呢？

因为中国菜肴的制作实践早就告诉我们（专指内行的职业厨师）了，作为烹饪原料是"物性各有差异"，因此，它们成菜时所需火候、所调口味那都是有区别的，一概而论的做法是不足取的。

正是因为这一原因，所以在中国目前的餐饮界，一般档次的饭店宾馆，一般厨技水平的师傅，他们都是没有资格来做这道佛跳墙的！或者可以说，不在特殊高档的饭店宾馆，没有超凡厨艺水平的名师大厨，即使你做出了佛跳墙，那人们（当然是行家里手）也是不会认可的，顶多会说你做的是"海味乱炖"或是"山珍什锦"。真的会是这样，因为在内行和美食家们看来，厨技是不能掺假的！

然而，这么身价昂贵，且技术含量又如此之高的佛跳墙，它是怎样创制，谁又是它的第一制作人呢？作为行内人，你可以没做过佛跳墙，但这其中的始末缘由可是不能不知道的！您说呢？

实事求是地讲，这佛跳墙原本应属正宗正令的福建菜，是闽菜风味风格集大成者。相传始做于清道光年间。

话说在两百多年以前的福州城，当时清设福州官钱局的督办大人在府宴请布政使周莲大人，所做菜肴那个鲜美劲儿自然是不在话下。但当一罐红烧海味上席时，大家的目光都被这位督办大人吸引了过来："列位大人，此菜乃下官夫人亲自下厨所做，请各位不要嫌弃，认真品上一品！"说着他亲手打开了瓦罐盖儿，只闻着一股奇异的香气从罐中飘溢而出，大伙不由自主地吸了吸鼻子。这时又见仆人开始给每位分餐。大伙儿睁大双眼一看，啊！净是好东西，有鱼翅、鱼肚、鱼皮、鲍鱼、干贝、海参、裙边等，都是福州市场上难得的美味上品。说实在的，各位大人手虽还未动但口水却都要溢出来了。

随着督办大人的一声"各位请了"的招呼声，客人们都大口大口地吃了起来。

话说这些大人，待各自盘中一空之时，便都竖起了大姆指齐声夸赞这菜确实烧得好吃，这些海产品的确被夫人做出了水平。

别人只是口中夸夸而已，但那位被请的主客布政使周莲大人那可是个有心人，边吃边记住了菜中所用原料、烧菜的方法及口感口味。回得府来，把这些"秘方"都一股脑讲授给了家厨郑春发师傅。

　　这些秘方对于外行人来讲的确显得有些神秘，但对于像郑师傅这样入行多年的师傅来讲，可以说一听就全明白怎么回事了。于是，他对所用原料进行了改动，添加了纯正的金华火腿和竹荪、野生猴头等原料，在布政使府中多次试做。你还别说，内行就是内行，这郑师傅所烧的菜，刚被布政使大人一吃，便觉得比在官钱局督办家吃的还要好，而且营养也越加显得丰富。

　　得到大人的认可，郑师傅更有信心了，便又高兴地给这个菜取了一个"坛烧八宝"的名字。打这以后，这个"坛烧八宝"便成了周府宴请的首选菜品。

　　后来，咱们这位郑师傅在布政使府中事厨过了三年之后，便萌生了自己开店、自己主厨、自己当老板的念头。想好了以后，他就辞了差事，又约上两个好友，合伙开办了"聚春园"酒楼，而且这酒楼一般不接待散客，而是专门打理官场商家宴请之事。

　　其实这样的宴请规格，也正好给酒楼高档菜肴制作打开了销路，因为像"坛烧八宝"这样的全海味菜一般百姓根本吃不起，即使是一般标准的宴客那也是无人问津的！

　　"坛烧八宝"在聚春园一亮相，便得到那些懂吃会吃讲究吃的食客们的认可。那些美食家们还善意地给郑师傅就此菜的制作提了一些建议。郑师傅听了这些建议，再结合自己的厨艺实践，终于使此菜达到了完美无缺之水平，并正式命名此菜为"福寿全"，冠以"聚春园第一菜"之美誉！

　　自打"福寿全"在聚春园一登场，那吃此菜的红火劲儿就别提了，你想啊，谁不讨此菜那"福寿全"之彩头呢！但为了保证此菜的制作品质，未提前三天预定你可是吃不上的，因为此菜在制作中，功夫可是头等重要的！听前辈们讲，当年聚春园就因这"福寿全"一个菜，便在福州的餐饮界拔了头筹，酒楼的生意更是红火得了不得，不仅有官场宴请，而且更是引来了当地知名的文人墨客来酒楼谈天说地吟诗作画，并以此抒发对这"福寿全"的赞美之情！

　　话说这一日，从房间忽然传来了一位读书人诗赞福寿全的爽朗声音："坛起荤香飘四邻，佛闻弃禅跳墙来。"话音刚落，席间便传出了其他人赞许的附合之声：讲得太美了，说得太生动了，干脆这"福寿全"就改名为"佛跳墙"吧！

接着他们请来了郑春发老板，向他讲明此事。这位郑大厨一听，双手一拱，连忙施礼表示感谢，并叫人赠送了两道大菜答谢"赐名"之恩！

打这以后，这正宗的福建菜中正式有了"佛跳墙"的一席之地！而且随着祖国饮食文化大交流、大融汇活动的不断兴起，"佛跳墙"这道有着两百多年制作历史的正宗闽菜，也融入了他方菜系中，以至今天成为中国烹饪、中华美食之杰作！

过桥米线第一人

　　"过桥米线"是米线中的上乘佳品，独具风味久享盛名，一向被业界公认为是云南小吃之首。"不吃过桥米线枉到云南"已成为省外人的共识。

　　然而，米线前面为什么非得要加上"过桥"二字呢？过桥与米线两者间又有什么相互关系呢？这其中还会有什么鲜为人知的轶闻趣事呢？

　　提起这过桥米线创制的始末缘由，得从明末清初那时节说起。想当初，云南有一个叫蒙自的地方，山清水秀景色宜人，完全是一派江南水乡的风貌。据说在离县城不远的一个小岛上，更是风景如画清爽宜人。话说就在小岛紧靠水面处有两间当地人习以为常的茅草小屋，屋中住着一位年轻的后生。这位年轻人平常很少出门，更不与人交谈。慢慢的当地人都以另类的目光看这两间草屋了。

　　看到这儿也许你会问了，莫非这年轻人有什么心事不成？

　　对不起，这你可就猜错了。原来每天难得出屋的青年后生，是一位上进心很强的读书人。

　　这年正当大考，他为了求得一份宁静，便来到这小岛上专心致致备考。

你想啊，他哪有那么多时间外出闲谈呢？

由于劳心过度，再加这小岛上的生活的确是有些清苦，所以这读书人的一日三餐也就只好由他的妻子每天从岛外做好再送与他吃。这位年轻人的妻子，不但勤劳贤慧，而且心灵手巧，做得一手好吃的饭菜，尤其擅做当地人都爱吃的"米线"。所以，当地人都会常说这么一句话："要吃好米线就找书生嫂！"

再说这位读书人，在岛上潜心苦读月余，每天虽有爱妻按时送饭，但终归没有在家里吃得那样滋润，再加上费心费脑，所以他的身体不免日渐清瘦。

看到丈夫身体欠佳的状况，妻子很着急，如果这样下去的话，说不定等不到大考就病倒了，这怎么能行呢，得赶紧想个好方法使丈夫的身体好转起来！

话好说，但事情真做起来可就不那么简单了。这可真难坏了咱们这位书生嫂。

唉！我何不在这"米线"制作上想些办法呢，对！应该把米线用鸡汤来做，因为当地人是很讲究用鸡汤来养人的，和普通的水相比，鸡肉鸡汤一定能让丈夫的身体好起来！

说做就做，第二天天还没亮，书生嫂就忙活开了，杀鸡炖鸡再煮米线，足足忙了一个大早晨，满满地盛了一罐"炖鸡米线"赶早来到小岛上。打开瓦罐一看，米线上面飘着一层黄澄澄的鸡油，就好像一层布一样把米线盖在了下面，由于这层鸡油有明显的保温作用，所以这时的米线还有点烫嘴呢！

见妻子一大早就送来了这么好吃的炖鸡米线，书生的食欲也被调动了起来，足足地吃了两大碗，并连声夸好！站在一旁的书生嫂一见便也高兴起来，既然你这么爱吃，那我就天天给你做这炖鸡米线！

果不其然，在这炖鸡米线的滋养下，书生的身体明显好了起来，精神头儿也足了，每天更是点灯苦读熬到深夜。

看到丈夫每天又有精力专心备考了，妻子更是喜在心上乐在脸上。一天三顿，顿顿不是鸡肉就是鸡汤加猪肉，直把这米线做得是香飘四溢味美难挡!

恩爱感动了天和地,在书生嫂的精心照料下,这位年轻书生果然不负所望,终于在大考之年金榜题名,用当地人的话说就是山窝窝里飞出了金凤凰!

再说这书生得中之后,便即刻回到家中。这下山村可热闹起来了,不但左邻右舍前来道贺,就连那些村外在当地有头有脸的先生们也来家中祝贺。

为了款待前来贺喜的人们,这位书生嫂又精心制作了"炖鸡米线"。众人个个吃得津津有味,并连声夸赞在别人家中还真没吃过这有鸡肉有鸡汤的米线呢!而且大家都打听这米线叫什么名字,他们回去好照此学做!

您还别说,听大伙这么一问,书生嫂也是楞了一下儿。是啊,这么好吃的米线,能给她家带来如此好运气的米线又该叫个什么名字呢?只见书生嫂两眼望着那不远处的小岛,想起在那近三个月的时间里,她每天天不亮就端着做好的米线早早出了家门,先过大街再走小道,最后再踩着那长长的木板桥来到小岛上送米线,不由得心中一动,不如就叫它"过桥米线"

大伙一听先是一楞,稍等片刻后,便齐声附和,说这个名字起得好,有情有义又不失咱这本地民风。

打这儿以后,"过桥米线"声名鹊起,家家户户做过桥米线,人人喜食"过桥米线"。

没过多久,这道美味吃食就从这小山村传到了山外,传到了县城。不久又传到了昆明,以致最后就传遍了整个云南。而且起码在云南境内,所有的米线最后都以"过桥米线"来命名了。于是,这"过桥米线"四个字便载入了中华美食文库,而咱们那位书生嫂自然就成了制作这"过桥米线"的第一人!

珍珠圆子第一人

作为有国菜之称的四川菜，不仅以味多味广味厚著称，而且也因烹调方法多变在业内广为称道！

作为学做川菜四十又三年的笔者，对此感受颇深。不说别的，仅就同一用料、同一口味的小吃菜点，它采取完全不同的烹调方法，就可以达到口感完全不同的食用效果。如同属一种原料、一种口味的"汤圆"和"珍珠圆子"就是这类小吃的杰出代表。这充分体现了川菜厨师所蕴涵的聪明才智。

珍珠圆子作为川菜著名的面食小吃，是大家十分熟悉的。可是谁知道为什么还要在"圆子"前边加上"珍珠"二字呢？作为北京四川饭店的一名技师，笔者以为其意有二：一为特指所用的"糯米"（江米）之颜色和形状。糯米颗粒虽然不大，但在洁白颜色的映衬下也和珍珠相差无几。二是糯米被蒸熟后所显示的既饱满又晶莹剔透的形状和颜色，站在旁边一看真好像是一颗颗的珍珠镶嵌在圆子上，给人的感觉就别提多赏心悦目了。

珍珠圆子最初创作时的样子，笔者也不曾见过。但四川饭店小吃专家陈静珍大师所做的珍珠圆子，我可是经常看见且不止一次地品尝过呢！那长圆的形状、晶莹的色泽、软糯的口感，还有那或甜或咸的味道，说实在的，一般厨师还真比不了。也正是因为它们是出自大师之手，所以可以成为饭店宴会甜味小吃之首选，不仅可以上一般水平的宴会，而且还可用在国宴上。

笔者作为亲历者，不止一次目睹了诸如国外的总统、国王、首相、总理、总督、议长等来饭店举行的宴会中，每每都会有珍珠圆子。

说句公道话，陈静珍大师以她那几十年制作川味小吃的精湛厨艺，把一个一个的珍珠圆子都做活了，那个精神劲儿真的是让食者不忍心张口！然而，作为川菜独有的一款甜味小吃，珍珠圆子它又是由谁首创的呢？就这个问题，笔者在这些年中请教了许多业内的老师傅，现给您总结一下儿，起码先让我们这些做川菜的同行们有所了解。要不然，也对不住我们所常讲的"川菜"二字，您说是这个理儿吧？

据说，珍珠圆子是一家专卖糯米的甜味小吃店在不经意间发明制作的。听前辈师傅们讲，这家小吃店开办于民国初期的四川成都，具体字号已无人能记起了。他们所做的小吃，不仅都是清一色的甜味，而且主要原料就只有"糯米"。您还别说，由于他们经营的小吃很有特色（这样单一原料单一口味的小吃店听老人们讲，在当年的成都可是不多见的），所以，每天的生意都异常红火，有时门儿还没开，外面就排起了长队，尤其是为当地人所喜欢食用的汤圆、叶儿粑、八宝饭、凉糕、捞糟、糍粑块这些小吃几乎是上午就会卖个精光。

正是因为生意这么好，所以这儿的师傅们忙得手脚不停歇。那位说了，有那么多活吗？又不是炒菜，做小吃应该是比炒菜简单呀。否！这话您还真说外行了，因为这小吃看起来简单，但要把它们个个做得招人喜欢，可也不是那么容易的，有时甚至比炒菜还要麻烦，真的会是这样。

话说这一天中午，师傅们在忙碌地做着下午的准备工作。店中一位较有资历的张师傅领着几位年轻人在包汤圆。由于他们已经忙活了一上午，中午再加班干活，肯定有时精神不会太集中（行内人恐怕都会有同感）。这不，包着包着，不知是谁，一不留神碰翻了已装有三十几只汤圆的托盘。唉！你还别说，也不知道怎么这样巧，汤圆几乎是全都掉入了放在汤圆盘下，正在控水（已泡好）的糯米中，待大家要往外拣汤圆时，眼前的情景把他们都给看愣了，只见汤圆原已是面目全非，全身上下几乎是粘满了糯米粒，这还能叫汤圆吗？这些糯米不就像一粒粒的珍珠吗！此话一出，师傅们不禁都笑出了声，扭头一看，说此话的是一位刚刚进店的小姑娘。见大伙儿都在看她，她便越发理直气状起来，真的像珍珠，那天我见一位来店的小姐的脖子上戴的项链，那上面的珠子就和咱们这糯米粒差不多！

唉！听她这么一讲，这位张师傅不由得心里一动，随即向大家说道，那咱就把这裹上珍珠的汤圆叫"珍珠汤圆"吧！什么？珍珠汤圆，真新鲜，没听说过。

听着大家你一言我一语的发问，还是那位把糯米粒称之为珍珠的姑娘发话了："师傅，还叫汤圆已经不合适了，您看叫珍珠圆怎么样？"

"圆子"在川菜中与"丸子"是同意的，所以，大家听她这么一说，也都说还挺像的，便都朝着张师傅表起态来："师傅，就叫珍珠圆子吧！这个名字听起来还真的很吉利。""别看我们戴不起珍珠，但我们每天都在拿着'珍珠'来做饭。"也不知是谁说出了这么一句，顿时把大伙逗乐了。

名字虽然有了，但怎么把它弄熟呢？看来煮是不行了，因为一见水那些珍珠是会掉下来的。"那就改用蒸吧！"还是那位经验丰富的张师傅手一挥拍了板。大家小心翼翼地把这些"珍珠圆子"码放在盘中，用小火（开始不敢用大火）慢慢将其蒸熟。打开笼屉大家往盘中一看，嘿！太好看了，圆子形状基本没变（由于是头一次蒸，那形状稍有变化其实也是正常的），倒是那一粒粒的"珍珠"，不但体积增大了，而且颜色也从洁白转向晶莹剔透。

看来这"珍珠圆子"算是制作成功了，张师傅让大家每人各取一只来品尝，但不能白吃，要把感受讲出来。

没过一会儿，一位嘴快的小徒工便大声汇报起来："师傅，这珍珠圆子真好吃呀！好吃，好吃，真的挺好吃！"听着大家你一言我一语的夸奖，师傅也抑制不住激动的心情，大声说道："好，从今以后我们店就正式开始做这珍珠圆子啦！"

果然没有辜负大家的一片热心，这珍珠圆子一经推出，便得到了食客们的一致认可。没过多久，这小店创制的珍珠圆子就卖红了一条街，卖遍了成都市，接着又卖火了全四川。

夫妻肺片第一人

熟悉川菜的人，无论你是吃川菜的食客，还是做川菜的厨师，相信对菜单中一款佐酒小菜一定不会陌生，这就是夫妻肺片。

作为川菜集"麻辣咸香回甜"五味为一体的美味小菜，夫妻肺片在川菜的食用实践中，可以说是出尽了风头。为什么这样讲呢？

因为此菜几乎是制作于所有川菜餐饮企业中，饭馆无论大小，酒楼也不管档次如何，但凡标有"四川风味"四个字的，你看吧，保证可以找到夫妻肺片这个菜。

话又说回来，还得是那些较为正宗的川味菜馆，那"夫妻肺片"做的才叫好呢！就拿北京的四川饭店来说吧，这里所做的夫妻肺片在陈松如大师的监制下，虽不敢说是百分百的原味，但在行家们看来也足够个八九不离十了，起码说外边餐厅几乎找不见的"牛头肉"在这里做的夫妻肺片中是都有的。再有就是那口感稚嫩的毛肚和筋里肉外的牛腱，在正式调味以前都是要用特制的"卤汤"来煮熟的。

要说那夫妻肺片口味的调拌，在别处笔者不知道，反正在北京的四川饭店，一般厨技水平的师傅可是没有资格伸手的。因为此菜一向是被当作本店凉菜制作水平的代表菜来看待的（业内不一直就有"看一个饭店凉菜做的好不好，一两个菜便可说明问题"的说法吗），在四川饭店的日常经营活动中，凡是有凉菜的地方，几乎都少不了夫妻肺片。宴会的人数无论是多是少，宴会的规模无论是大是小，宴会的标准无论是高是低，保证你会看到夫妻肺片。那么，作为如此神秘的夫妻肺片，它又是由什么人创制的呢？

在说这个话题之前，笔者还要给您讲一个在业内广为流传的"夫妻肺片"促成"一对夫妻"的故事。话说这一天，一对中年男女来到一家川味馆吃"散伙饭"。这其中内情一眼就被"眼观六路，耳听八方"的堂官看了个八九不离十，随口就帮他们点出了第一个凉菜"夫妻肺片"。这一报出菜名不要紧，但见这对男女是面红耳赤。还是那男的大方，脱口就对那女的说道："这是天意！没想到咱们吃的第一个菜就是夫妻肺片。"这女的随声附和道："那咱们就还接着过呗。"于是这对夫妻又重归于好，高高兴兴地吃完饭，又打包一盘"夫妻肺片"回家了。

话再拣回来，说一说这夫妻肺片是由谁来创做这个话题。据说在民国的初期，成都的大街小巷有许多提着竹篮售卖牛杂小菜的流动商贩。三五个铜钱，块儿八毛的纸币就能尝个鲜。听行内人讲，在众多的小贩中，尤以郭朝华夫妇制作售卖的牛杂最为人们所喜爱。用料既全刀功还讲究，牛头肉片切得几乎薄得可见人影，牛肚、牛肉、牛肺更是片得即使是饭庄酒楼的大厨也很难挑出毛病。他们夫妇拌出的牛杂放在盘里一看，就会发现那真是"片是片互不粘连，色泽更是红得发亮"，近前一闻便有浓郁的麻辣香气溢出。所以在这些卖牛杂的小贩中，流传着这么一句话，郭氏夫妇的牛杂不卖完，咱们是不能上街的！话虽有些夸张，但也足以说明这郭氏夫妇所卖牛杂确实是味美无人能比！

正是因为这一独到的风味特点，所以后来人们就亲切地戏称他们所售卖的牛杂为"夫妻肺片"！也就是这不经意的戏称，便成就了一款独享美誉的传世杰做。

正是因为这一原因，所以当我们在享受夫妻肺片给我们带来美味、荣誉和经济利益的时候（因为川菜厨师每每都会以此菜作为考核晋级的主做之菜品）是否想过应该感恩这对郭氏夫妻呢？笔者以为应该！你说呢？

赖汤圆第一人

汤圆，对于南方人来讲可谓尽人皆知，尤以四川的赖汤圆更是声名远播。但凡是四川人，每每在吃汤圆时，几乎都要在"汤圆"二字的前面再加上一个"赖"字，这又是何意呢？笔者听恩师，著名的川菜大师，北京四川饭店的首席厨师长陈松如先生讲过，其主要目的就是以这个"赖"字来区别于南方其他省市的汤圆，以此更能显示其四川汤圆的正统与正宗。

"赖汤圆"以它那个头大小适中、色泽洁白、皮薄软糯、馅心甘香不腻的特点，可以说在川菜馆中出尽了风头，凡是吃川菜内行者，差不多总会在正餐大菜后吃上那么几只赖汤圆。作为地方风味极强的个性化小吃，赖汤圆不仅成为了四川人民离不开的可心甜点，即使是平民百姓少有问津的高档酒楼饭店，在安排宴会中的甜味小吃时，赖汤圆也总会被优先想到，尤其是在逢年过节之时，赖汤圆更是以"吉祥美食"的身份而被行家们所点食。

全盛时期的赖汤圆，笔者以为当今六十岁左右的人恐怕都没有见过。但笔者有幸在工作中，得见有"小吃专家"之称的北京四川饭店陈静珍大师所做赖汤圆的红火场面，亲自做馅那个精心劲儿自不必说，仅就那汤圆面制作中的几道程序来讲，说实在的真是够麻烦了。一要泡米，二要磨细，三要吊浆。待这三道程序做完，那"汤圆面"才算做得。每次笔者都会见到大师亲临现场，一样一样地来指导年轻师傅们操作。

待所有这些准备工作做完后，年轻的师傅们就开始在大师的指导下进行"包汤圆"了。包汤圆看似简单，但笔者的体会是，如果用心不够，也是要出差错的。一是个头大小要均匀。这是作为饭店宴会用汤圆必须要达到的质量。二是个头宜小不宜大。只要能把馅包进去，那么对于宴会所用的汤圆来讲，个头应是越小越好，这样才会有精功细做之感！三是捏紧搓圆不露馅。看到这儿，也许你要说了："这谁不会做呀？"唉！你还别说，汤圆煮到半熟时就皮裂馅露的现象，对于初包汤圆者来讲谁还没经历过几次呢？

四川饭店对于赖汤圆的食用方法，是依宴会的规格与标准而变化的。笔者记忆中有清汤赖汤圆、捞糟赖汤圆、果汁赖汤圆、芙蓉赖汤圆、龙井赖汤圆、麻酱赖汤圆等品种。最受欢迎的当属用茶汁来佐餐的龙井赖汤圆、碧螺春赖汤圆、观音赖汤圆等，这都是饭店宴会赖汤圆之首选！这么有名的赖汤圆，它的来历又如何呢？原来这赖汤圆是一个来自四川资阳的名叫赖兴元的人创制的。

话说民国初年，四川老百姓的日子过得那个辛苦劲儿就别提了。虽然种有粮食，但一年有半年吃不饱肚子。单说这天从资阳通往成都的大道上，走来一伙青年后生，虽然年轻，但每个人都是无精打采的样子。

原来这是几个想到成都讨生活的穷苦百姓。走在最前面的是一个看起来也就刚刚二十出头，名叫赖元兴的小伙子。原来这两年，由于家境过于贫寒，父母相继去世，他感觉在家乡无论如何也生存不下去了，便约了几个伙伴来成都讨生活！

路上无话，这一日他们终于进了成都市里，瞪大双眼一看，好家伙，这成都敢情比资阳大多了。在惊恐的同时，他们似乎也看到了希望。

老天对他们也还算公平，没几天这赖元兴和他的表哥便找到了一个在餐馆打杂的差使。可没过多久就发现自己不是干这一行的材料，于是辞了职。

离开了饭馆，身子是自由了，但这吃饭可就成了问题。正餐肯定吃不起，实在饿急了，他们就在大街上的流动摊贩手里买些担担面、汤圆等杂食小吃。单说这一日，赖元兴和他的表哥又来到一个卖汤圆的食摊前，每人买了一碗汤圆端在手里。平常就较有心计爱想心事的赖元兴眼睛直勾勾地看着这碗中那几个色白如雪、团团圆圆的汤圆，真恨不得一口就把它们全吞下去，但他舍不得，要一口一口地慢慢享受这汤圆之美味！

吃着吃着，他脑子里忽然冒出这样一个念头："我们也来卖汤圆吧！这小本生意反正也赔不了多少，我们完全可以试一试！""什么！我们也做这汤圆生意？"表哥一听先是愣了一下儿，后又接着反问道："元兴，你说我们能行吗？"赖元兴右手一挥，坚定地说："行！没问题，试试总还是可以的。"

说干就干，这哥俩先是跟着这流动食摊的师傅学了几天，又找熟人借了点小本钱。经过这哥俩的紧张筹备，只过了数日，这流动汤圆摊就开张营业了。

您还别说，这头一天就把所包的汤圆卖了个精光，这无疑给他们哥俩鼓了劲儿。于是，他们就起早贪黑地干起来，每天一结账，你猜怎么着，还真挣了些钱。这下儿哥俩的劲头儿更足了，每天的生意都不错，有时还不够卖。见此情景，这位赖元兴就对表哥说："我听做生意人讲过，买卖越好可这人也要更实在。咱们这汤圆生意虽然说是做得不错，但毕竟是刚刚起步，咱们的心可要放正呀。"

"行啊，怎么干我听你的。"表哥爽快地答应道。于是经过商议，小哥俩给他们的汤圆定了四条规矩："一是利薄点，二是手勤快点，三是服务好点，四是质量高点。"你还别说，自从这四点清规在这汤圆摊施行以后，这生意还真的更红火了。

经过一段时间的实践，哥儿俩这做汤圆的技术也提高了不少，再加上人年轻（当年成都大街上的流动食摊，都是由上了年纪的老头儿阿婆来经营的），善动脑筋，这汤圆无论是在馅心上还是样式上，都明显超越了其他汤圆摊的水平。于是，专门来这儿吃汤圆的人明显多了起来，用当年的话讲就是，哥俩这汤圆摊走到哪这吃汤圆的人就会跟到哪。后来干脆有人提议，你们就别流动了，能不能固定在一个地方出摊儿，这样就能方便我们这些吃汤圆的人了！这时更有人提出，大街上卖汤圆的摊贩很多，为了防止人们找错了摊，倒不如把你们这个姓氏放在汤圆的前面，而且你们这汤圆从此也就有了字号啦！

唉！这个主意真是太好了。表哥说那就把你赖元兴的赖字与汤圆合称，就叫"赖汤圆"吧。

打这儿以后，这"赖汤圆"的名声在成都可就传开了。没过几年，终于在总府街开了一家挂有"赖汤圆"招牌的小吃店。

这样一来，前来品尝这赖汤圆的顾客也在悄悄地发生着变化，已不再仅仅是那些穷苦百姓，又多了些有知识有钱的食客。更出人意料的是，这小小的"赖汤圆"小吃店，竟还引来了许多知名酒楼饭店的师傅们前来品尝。噢！原来他们是来学艺的。因为当年在成都那些有名的餐饮企业菜牌上都会见到"赖汤圆"三个字！

时间过得真快，赖元兴创制的"赖汤圆"，给人们留下的美好记忆，并没有因此而终断，在成都，在四川乃至在全国各地，你都还可以见到"赖汤圆"！

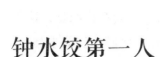

钟水饺第一人

"钟水饺"作为川菜著名的传统小吃，其实它是有"红油水饺"和"清汤水饺"之分的。

但在业内，为什么人们常常是以"红油水饺"代称"钟水饺"呢？川菜制作实践告诉我们，因为清汤水饺一般很少食用，所以鲜为人知。而红油水饺与清汤水饺相比，就明显不同了。在一般的川菜馆中，钟水饺完全被"红油水饺"取代了。即使是那些高档饭店、宾馆，特别是那些高规格的宴请，红油水饺更是取代"钟水饺"而上席的！

久而久之，在业内也就行成了这样一种不成文的行规或是习惯，钟水饺已少有提起，而红油水饺倒成了正统称谓。

作为川菜小吃的姣姣者，红油水饺（笔者同样是称呼红油水饺较为顺口）在川菜中的食用完全超出了小吃范畴，零点散坐以它充饥自不必说，即使是在高档饭店宾馆的宴会上，作为小吃在山珍海味的名贵菜肴间也是有其一碟之位的。笔者清楚地记得，在北京四川饭店的宴会中小吃一栏中几乎都少不了"红油水饺"四个字。给笔者留下难忘印象的是，邓小平同志在四川饭店为西哈努克亲王举办六十岁诞辰的庆祝宴会上，红油水饺都是被当作小吃之一种而上席的。再有一次是邓小平同志来饭店参加四川省委举办的宴请活动中，红油水饺更是作为第一道小吃上席的。

更令我们难忘的是，凡来四川饭店参加宴请活动的外国总统、国王、首相、总理、总督等，无不对以红油水饺为代表的川味小吃给予了极高的评价。特别是日本客人，有时还会兴致勃勃地吃完一碟又要上一碟。日本驻华使馆还专门派人来饭店学做"红油水饺"等川味小吃！

在中国的餐饮界，早就有"北方水饺吃馅，南方水饺吃汁（味）"之说。其实细想起来，这句话是很有道理的，为什么这样讲呢？因为本文中所讲的"红油水饺"就是以"味汁"高人一筹而著称的。讲得直白一些就是，馅和皮你可以随意变化，但那味汁可是永恒不能改变的，反之也就无所谓"红油水饺"了。然而，作为川菜小吃中这么有代表性的一款个性化小吃，它又是由谁创制的呢？对于这一常识，作为川菜厨师那可是不能不知道的！

听前辈师傅讲，此水饺大约制作于上世纪的 20 年代初。当时在成都的街面上，总会见到有些卖零食小吃的流动食摊（担担面不就是担担而卖出名气的吗），您可别看他们每日穿大街过小巷，他们的手艺可是相当了不起的。手工研磨辣椒粉、花椒面，自己冲制辣椒油。说实在的，他们每天卖的小吃，如担担面、水饺、抄手、汤圆、凉粉、凉糕、包子、牛肉焦饼、蛋烘糕等的质量，比起那饭庄酒楼做的一点都不差。因为这些小吃本来就是从大街小巷走出来以后才进入餐饮企业的，所以当年在成都听老人们讲，要想吃到纯正地道的四川小吃，您要在大街上找那些流动的食摊！

您还别说，这话如今听起来都是有道理的，这是为什么呢？因为这些摊主明白，他们每天是在给自己做，如果质量不过关，没人来吃，那自个儿也就难以生存下去了！

当时在众多的街头流动食摊中，有一位五十多岁的老大爷所做的水饺特别招客人喜欢。听前辈师傅们讲，只要他的摊子流动到哪里，那爱吃这一口儿的就会紧随其后而来，有的甚至还打听明天在哪儿卖，以便他可以径直找来。

后来因为吃水饺的人过于集中，在大家的要求下，老人就不再串街流动着卖了，而是每天只固定在一条街上的一个地方，这样可以大大方便人们的食用。据说当年在成都街头就流传着"吃水饺找大伯"这么一句话。后来也不知道是哪位热心的食客，还打听出了老人姓钟，所以这句话又继而改成了"要吃好水饺就找钟大伯"。

这样一句口头禅您可别小看，他的广告宣传作用那可是大了去了，没过多久，差不多整个成都城都知道有位钟老伯做的水饺好吃。而且随着人们的口口相传，"钟水饺"的名字自然而然也就被叫响了。据说后来老人再一个人卖水饺显然已经是供不应求了，所以他就动员全家都来做"钟水饺"生意了。

随着生意的不断红火，总在街上售卖看来是不能满足需求了，而且这水饺摊还时不时来上那么几位知名人士，所以他们便萌生了"坐店"经营的想法。没过多久，他们就在成都的荔枝巷以"钟水饺"为招牌开了个店，据说当年在成都仅此一家专营水饺的小吃店。而且在经营品种上又添加了当地人爱吃的麻辣小菜。一时间小店顾客如云，店家忙得手脚不得空闲。

随着时间的推移，"钟水饺"不仅仅是誉满成都，不久就传遍了全川。特别是当年那些讲究饮食之道的行家们，甚至专从外地赶来成都，特为亲口尝一尝这被人们交口称赞的钟水饺。这在当时的餐饮界可以说是一段佳话美谈！

说句实在话，初创时的钟水饺到底什么样儿，恐怕你我都没有见过，但北京四川饭店1973年重张开业时的小吃专家陈静珍大师所做的"红油水饺"，笔者那可是亲口尝过多次的（据说陈静珍师傅在四川饭店1959年开业时，就以专做川味小吃的身份来饭店工作。您说，有如此经历的师傅做出的红油水饺，与钟水饺相比会相差几何呢？笔者的体会是应该有过之而无不及）。只见那水饺个头不大（你想啊，四川饭店宴会上的水饺能像普通的北方水饺那样大吗），花纹均匀，色泽洁白，馅心有荤有素，用料可海鲜可肉食。

再说那"红油味汁"更是可以用"用料考究，调技精湛"来形容。因为那红油（辣椒油）都是她亲自沏制，尤其那特制的"红酱油"是她亲自用了半个小时才熬制出来的，那蒜泥更是剁得细如蓉状。所有这些调料都被她准确无误地调入了碗中，再适当调些只有高档宴会才能用到的清汤。待水饺煮好后，以三个为一碗（绝对不可多放，这是行规）放入汁中（这时的味汁不宜过多或是过少，过多水饺完全浸在汁中会显呆板而不活泼，过少则更显白洼洼的而不显风味，应是以水饺的二分之一处外露为宜），就应该即刻上席。要知道，这红油水饺（钟水饺）不仅以口味考究而著称，它也是很讲口感的！

　　最后笔者还有一句话要告诉你，这就是"红油水饺"要"精做精吃"。因为它本来就是"小吃"，切不可随意拿来充当主食用！不然的话，是对不起咱们那位钟水饺的创做者钟老伯的，你说呢？

龙抄手第一人

业内早就有"中菜南烹 南菜川味"之说。其实这句话的哲理行外人是很难理解到的，而且即使是在业内，如果你不是川菜厨师，实话跟您讲吧，个中道理你也是不会悟出的！因为笔者事厨四十三年经历告诉我，对于业内的某一观点要想感悟得一清二楚，十年八年的司厨实践你是连边儿也挨不上的！

"中菜南烹"好理解，意为要想了解中餐全貌，不识南味菜那可是不行的。而要想准确体会"南菜川味"可就没那么简单了。因为行语中所讲的"南菜"包括的内容真是太广了，几乎占了中国烹饪的半壁江山。那为什么非要以川味来定格规范呢？没有制作正宗川菜的相当资历和一定的川菜烹调理论的人是根本解读不了的！

不信你就来看呢，在北方总是吃咸味的馄饨，一但经过了川菜厨师的手，那即刻就变成"红油抄手"的味了。

"红油抄手"是川外餐饮界的一种习惯称谓（笔者在重庆学厨期间，听当地的老师们差不多也都这么叫），其实在成都则都是以"龙抄手"来称叫的。

作为同样有着悠久历史的川味名小吃，在中国的餐饮界，一提起"红油抄手"（笔者也是这个习惯），那可真算得上是隔着窗户吹喇叭——名声在外了。它与红油水饺和担担面在业界有"川菜小吃面中三杰"之称！

四川的抄手也就是北方的馄饨，如果深究起来，那可比馄饨要讲究多了。不仅外表形状显得更为精细，即使那用馅也名贵多了，起码在宴会中一般都是以"三鲜料"来包制的。而且与北方馄饨最明显的不同就是它可以蘸着"红油味汁"来食用！讲得直白一些就是，这抄手可以像"红油水饺"那样来食用。

也许你会问了，既然可以像红油水饺那样食用，那干嘛非得有"抄手"和"水饺"之分呢？不瞒你说，这话"属于抬杠范畴"！要知道，抄手是抄手，水饺是水饺，川菜品种多样化在此刚好得到体现。

正是因为这个原因，所以在川菜宴席中，凡是红油水饺可上席的，你都可以"红油抄手"来取代。从技术上讲这是没有什么问题的。

值得一提的是，同样作为川菜小吃，抄手在川菜宴席中还可以"清汤抄手"的名字来上席，特别是它那难得的清鲜淡雅的汤汁正好可以缓解某些麻辣味浓之口感。抄手这一独到功用，在川菜高档宴会菜肴制作时已为业界所共识。

那么，这一款与"红油水饺"齐名的"红油抄手"，它在川菜中又有什么样的制作历史呢？听前辈师傅们讲，这"龙抄手"（这时该用龙抄手这个名字了）在正式创制以前，成都街头那些流动食摊中就有售卖，而且价格很便宜，口味有"清汤"和"红油"之分，但一般都是以"零点零食"为主。由于它的吃法较为灵活，所以生意还满不错！

话说 1941 年初，有一位叫张光武的先生，邀几位朋友来到这成都较有名气的"浓花"茶园来摆龙门阵。大家手托盖碗品着香茗，不时有人叫来应时小点慢慢吃着。谈着谈着，不知是谁说了一句："光武老兄，咱们几位不如开一个门店，专门经营咱这成都小吃，你们看怎么样？"您还别说，这句话还真引起光武先生从商的念头。对呀！如果我们有了自己的小吃店，那我们就可以随时在里边谈天说地大摆龙门阵了。

　　说干就干，大家是你一言我一语地出开了主意。经过一阵高谈，最终决定这小吃店应以深受当地人喜欢食用的"抄手"为主要经营内容。

　　接下来该轮到给这小店起名字了。这下儿还真把大家给难住了。这卖抄手的名号还真不好起，因为它毕竟是小吃。说着说着，有一位自诩为"读书人"的老弟开口了："依我这读书人之见，这'浓花'的'浓'与中国特有的'龙'字是谐音，大气又不显空洞，而且听来更有吉祥之意，如果我们单取一个'龙'字，再加上我们卖的这抄手，则刚好组合为'龙抄手'，正好符合商家铺号'简洁大方吉祥'的要求，诸位你们看怎么样？"

　　"读书人就是读书人，说起话来就是文气十足。"张光武不禁对读书人的建议发出了赞叹声。其他人也是各抒己见，发表了对读书人建议的看法。又过了大约一杯茶的时间，大伙一致决定小吃店正式取"龙抄手"之名号。

　　打这儿以后，成都的餐饮界又多了一个品味风味小吃的好去处。果然不负众望，这龙抄手的生意用行家们的话讲就是"龙气不可挡"，直引得那些饭店、酒楼的师傅们也不得不屈尊大驾前来"品尝学艺"。

　　您还别说，没过多久这龙抄手在成都许多有名气的饭店酒楼都可以吃到。出乎大家意料的是，这些师傅并没给"龙抄手"换名，而是全盘照搬。

　　这种做法开始看来好像还有些不妥，但是仔细想来，作为同行，对于业内的名点名菜心存敬畏之心，在当年已经成为餐饮界公认的行规。时过境迁，如今这"龙抄手"作为川菜的知名小吃，早已为全国的餐饮业所共享！

麻婆豆腐第一人

　　"麻婆豆腐"作为川菜风味风格的集大成者，一向被业内公认为中国烹饪最杰出的代表，是东方饮食文化最有底蕴的明星菜肴。为什么这样讲呢？因为中餐菜肴数千年的制作实践告诉我们，在我国数千款的美味菜品中，还真找不出一款能与其相媲美的呢！麻婆豆腐所选原料几乎是低得不能再低了。不但豆腐是平常之物，花椒、豆豉、豆麻酱在百姓家更是信手可得，也就那牛肉末稍显档次。这么平常的原料，一经川菜厨师的手，便能烹制出一道美味，可以毫不夸张地讲，麻婆豆腐的成功制作，把中国豆腐菜的烹制推向了一个全盛时期！请诸位想一想，直到今天，又有哪一款豆腐菜在口味口感及知名度上能与麻婆豆腐相比拟呢？

　　麻婆豆腐在川菜中虽属小吃之范畴，但是它的作用在川菜中可以说是大了去了。为什么这样讲呢？因为在川菜食用的实践中，麻婆豆腐既可当做小吃单食，又可在一般宴席用作下饭菜，更适宜在那些国宴档次的宴会中作品味尝鲜之用！

　　不瞒您说，谈起麻婆豆腐在国宴档次（规格）的宴会中的品味尝鲜，笔者可要多啰嗦那么几句了，因为我在这方面的感受真是太深刻了。

按理说，在国宴这类宴席中，高档名贵菜肴无疑是首选，但这用料平平的麻婆豆腐为什么会占有一菜之位呢？实话跟您说吧，它完全凭借自己那"麻辣咸香酥烫嫩"的独特口味而征服了食客，使他们一听说吃川菜，那就不能没有麻婆豆腐！

笔者所在的北京四川饭店，自1973年重张开业以来，可以说对外先后接待了二十几个国家的总统、首相、总理、总督、国王、议长等参加的国宴活动，对内更是承接了大量的党和国家领导人举行的宴请活动。不瞒您说，所有这些宴席菜肴中，差不多都不能少了麻婆豆腐！

最令笔者难忘的是，邓小平同志两次在四川饭店参加的宴会都有麻婆豆腐上席。1985年元旦，笔者和恩师陈松如大师在人民大会堂再次给邓小平等中央领导主理宴会时，也是应主办方要求，再次上了麻婆豆腐的。

给笔者留下深刻印象的还有，我和恩师陈松如先生到中南海主理胡耀邦同志宴请缅甸共产党中央代表团的宴会。当时考虑到总书记可能吃不了很辣，于是我们在制定菜单时，就没有安排麻婆豆腐。但当菜单送到主办方审批时，他们指示菜中可以加上麻婆豆腐。因为他们说总书记听说此次宴会是由四川饭店来承办，所以特意叮嘱要品尝一下饭店的麻婆豆腐！

宴会举行的那天，总书记对于饭店的川菜给予了很高的评价，说好久没有吃到像今天这样质量的麻婆豆腐和担担面了！再说说那些外国食客，对麻婆豆腐的钟爱程度可以说一点也不比国内食者差。尤其以日本为代表的东南亚国家，每到四川饭店用餐，无论是高规格的宴请，还是一般水平的商务宴请，只要发现菜单中没有麻婆豆腐，每每都会要求再添上。至于那些本来对辣味不太熟悉的西欧客人，每当来饭店用餐，也都会用生硬的中文比比画画地跟服务员讲要吃麻婆豆腐和宫保鸡丁。

那么，这么一款有如此魅力的豆腐菜，它又是怎样创制，谁是它的第一个制作者呢？这话提起来还真有些长，那是清朝同治年间的事儿了。相传在成都护城河边有一个叫万福桥的地方，每天都有大批挑油的脚夫打此路过。

要知道，当年的脚夫可是相当劳累的，二百多斤的油篓每天要担好几趟。

由于这万福桥头集结了不少的小本生意摊，每天往来路过这里的人，总习惯于在此打尖休息，或是喝碗老隐茶，或是吃碗担担面、汤圆什么的，人来人往，好不热闹。

再说咱们这群挑油做脚夫的穷哥们儿，说实在的，每天送油回来路过这里时，几乎个个儿已是累得连腿都抬不起来了。

单说这一天傍晚时分，他们送油回来又来到这万福桥，每人捧着一大碗茶水便咕嘟咕嘟地大口喝了起来。你想啊，肚子里本来就没食儿，再让这茶水一涮，那能不饿得发慌吗？这时，也不知谁说了一句，咱们干嘛每天守着这油篓挨饿呢？我们可以用这篓中的剩油来换些吃食呢！唉，有道理，大伙儿一想，真要是能这样那敢情好啦。于是他们就把所有的篓底油都控在了一起。您还别说，没想到这一控竟然会有十二三斤之多。他们端着"油"，顺路往这桥头走来。走着走着，他们便来到一个既卖小菜又售茶水的食摊前。见摊主是一位五十岁上下的阿婆，面带忠厚的脸露着微笑正在忙着招呼客人。见他们几个来到摊前，便连忙上前打招呼："几位老哥是喝茶还是吃些小菜呢？"这时其中的一个脚夫头儿忙答道：不瞒您说，我们是做苦力活儿的，身上真没有什么钱，但每天在这儿歇脚时，却又感觉饿得不行，所以我们想用这些篓底油抵些钱，求阿婆给我们做些便宜小菜，那可就是救了我们的命了！

这摊主阿婆一听，先是一楞。这样的生意还真没做过，又见他们的确个个饿得发慌，于是也就答应了下来。

这下儿可乐坏了这几位脚夫大哥，见阿婆这样爽快地答应下来，便也大方地说："今天这十来斤油就算和您的见面儿礼白送给您了！"这摊主阿婆见状更是面露喜悦（你想啊，就她做的这小本儿生意，说不定一天还挣不了这十几斤的油钱呢）说："那从明天开始，你们就在这儿歇脚打牙祭吧！"第二天傍晚，这几位脚夫是如期而至。摊主阿婆连忙端出了一小盆的豆瓣烧豆腐和米饭，让他们赶紧趁热吃下。这下儿脚夫们可乐坏了，各自端着米饭就着豆腐便狼吞虎咽地吃了起来，一转眼的功夫就盆朝天碗露底儿了。虽不能吃饱，但也能顶一阵子的了。你想啊，在这饥饿难挨时，能吃上这色泽红亮，口感细嫩，辣味可口且又热乎得有些烫嘴的豆腐，您说他们能不高兴吗！

于是，他们很快又把这篓底油控出来交给了阿婆。就这样，这些脚夫们每天享受着这篓底油换来的美味。

但时间一长，脚夫们总是觉得这豆腐中缺一点儿荤腥儿，于是便又和阿婆商量，我们每天再多给您一些油，能否给我们在这豆腐中加些零星碎肉什么的。阿婆听罢说没问题。因为在她的食摊不远处就是一个卖牛肉的，可以从他那儿买些刀前刀后的散碎牛肉也就可以了。

您还别说，自打这豆腐中加了些牛肉末，再吃起来那感觉还真的不一样了。在牛肉香味的调剂下，豆腐中平添了一种难得的荤香味道，吃到嘴里立刻感觉到那口味厚实多了。

这下儿这些脚夫们更高兴了，于是他们再倒油时，还特意多剩一些，以求保住他们那舍不得丢掉的辣豆腐。

见阿婆这食摊每天都有固定的"食客"来吃这辣豆腐，这便引起了过往行人的注意。阿婆这儿是什么好吃的能把食客每天都引到这里？于是，便三三两两地有意来到阿婆这食摊买东西。这时人们才发现，阿婆每天傍晚准会做出一锅红得发亮、麻辣浓香的豆腐来。于是便有好奇者要先买一碗尝鲜。反正只是一碗，卖他就卖他吧，多了那可不行，那可是脚夫他们定好了的！

再说这位食客，端着豆腐是左瞧瞧右看看，这红通通的颜色的确可人，而且还会从豆腐中飘来一阵阵麻辣香气。用小勺取了一些放入口中，嘿，太好吃了，这味道已往还真没有吃过。"麻中有辣，辣中显咸，咸中浸香，香中觉酥，酥中感烫，烫而更嫩。"阿婆你烧得这样一手好吃的豆腐，为什么不向大家早点卖呢？唉，听他这么一说阿婆还真动了心思，对呀！既然他们都说这豆腐好吃（脚夫说好吃，已往她还真没太在意），那干脆我就不卖别的了，专门儿做这辣豆腐生意得了。

对，说干就干，这阿婆全家齐动手，搭起炉灶买新锅，剁豆瓣压花椒面……没几天，这专营辣豆腐米饭的食摊在这万福桥头可就开张了。

果然不负阿婆之心愿，这豆腐摊自每天早晨一开张，人们就围拢了过来。一边看着做豆腐，是一边吃着辣豆腐下米饭，直到晚上收摊时都会座无虚席。但咱们这位善良的阿婆，豆腐生意虽然做得如此红火，可还没忘记开始吃豆腐的那些挑油的脚夫，每天一到傍晚，还专门留坐给他们。

没过多久，阿婆这豆腐"做得好吃"的名声可就传开了。不仅是路过万福桥的行人们争相来吃。据说后来还有城里人专门来这万福桥头品尝辣豆腐。阿婆做豆腐的故事一时被人们传作美谈。

但后来人们发现，这么好吃的豆腐居然还没有菜名，这怎么能行？这阿婆脸上不是有些微麻吗，那不如就叫它为"麻婆豆腐"吧！这一提议立刻得到了大伙的一致赞成。不知谁又说了一句"听说这阿婆姓陈，那咱就叫它陈麻婆豆腐吧！"

听老人们讲，没过半年，这出自民间普通一位阿婆之手的川菜名吃"陈麻婆豆腐"就已全川知名了。听说为了使更多的人能吃到这难得的豆腐美味，阿婆一家又在成都市里开了一家专门经营此菜的"陈麻婆豆腐店"。

故事讲到这里，你我心中是不是应该对那陈姓阿婆说上一声"谢谢老人家了"！因为是她给我们这些做厨师的留下了饭碗，而且还是个久盛不败的金饭碗！您说呢？

陈皮牛肉第一人

在川菜的佐酒小菜中，有一款历来为川菜师傅们引以为豪的牛肉名菜，这就是为美食家们所钟爱的"陈皮牛肉"。

陈皮牛肉的美名，笔者在北京市第一服务局厨师培训班中，就听当时的川菜老师，北京饭店名师张志国师傅讲过，并且在我的脑子里留下了深刻印象。当时我就想，要是我能亲口尝一尝那名厨所做的陈皮牛肉该有多好啊！

实习的日子终于等到了，但不巧的是，我们当年（1972年）所实习的力力餐厅和益康餐馆两家川菜馆都没有做陈皮牛肉。所以这个心愿就只好埋在了我的心里！

直到1973年厨训班结束，我们被正式分配到了北京四川饭店，笔者才如愿得见陈皮牛肉的庐山真貌。

其实，当时我的工作岗位是在炉灶间，按说与冷菜制作是搭不上边的。但你说咋这么巧，冷菜间的"炉灶"正好就在我的这个炉灶旁边，所以这就给"偷学"他们冷菜制作技术特别是像陈皮牛肉这样的风味凉菜的制作程序提供了一个得天独厚的条件。

经过一段时间的观察，我发现名厨们在制作正宗的陈皮牛肉时，往往是采取以下程序：精选牛肉切片，再稍腌进味，依次放入热油中把水分炸干，最后用干红辣椒、花椒、陈皮等原料"宽汤"（一定要明显多于牛肉，反之牛肉就不会有化渣之感）烧至酥软，这时再用旺火把汤汁收稠，待牛肉完全凉透就可以上席了。

毫不夸张地讲，当年四川饭店的凉菜中，陈皮牛肉可以说是相当受宠。无论是在仅有的那么一个散客餐厅，还是在宴会菜中，几乎少不了陈皮牛肉。听当年的老师傅们讲，四川饭店在停业以前，那可是党和国家领导人举行宴请活动的重要场所之一，来店参加宴请的许多中央领导都不止一次品尝过以陈皮牛肉、怪味鸡、夫妻肺片为代表的川味小菜，并都给予了高度评价。客观地讲，我所见到的四川饭店所做的"陈皮牛肉"在当年的北京餐饮界，那可以说是当之无愧的精品。薄厚大小匀称的肉片，深红发亮的颜色，细嫩化渣的口感，麻辣咸香回甜的口味，还有那沁人肺腑香味难挡的陈皮的香气，所有这些特点都使得此菜的质量远超其他川菜馆！

其实这也在情理之中，要知道，1973年重张再次开业的四川饭店，那些掌勺大厨可以说个个是业内名师。我所见到那时主厨凉菜制作的师傅，就是来自重庆的名师陈如森先生。

经过一段时间的接触，我感觉我与师傅好像很是投缘，所以每次他在做陈皮牛肉时，都会把我喊到灶前，就这里面的门道给我讲个不停。说句心里话，能在这种氛围中学厨，您说我的进步能不快吗？见我对他的凉菜制作技术那么感兴趣，他也越发显得高兴。话说这天早晨，他又来到了炉灶间制作陈皮牛肉。我即刻上前来帮忙。没过一会儿，牛肉就炸好烧进了锅中。我给他递过了茶水。师傅喝了两口，突然对我说："自华，你光知道学做陈皮牛肉，但你知道谁第一个做了这个菜吗？"唉，对呀，作为川菜厨师，特别是立志成为一代名厨的青年厨师，当然得了解一下！

想到这儿，我忙对他说："您说的这个问题我还真没想过，麻烦您对我讲讲吧！"

老人满意地朝我点了点头：据说这是发生在很早以前的事情了。话说当年重庆的朝天门码头附近，有一家知名的川菜馆，名叫望江楼。这一天中午，凉菜间的一位师傅正在做"麻辣牛肉"（其实这也正是咱们今天所做的陈皮牛肉的前身），待他把牛肉烧进锅中后就离开忙别的去了。

谁知这时一位小厨工，手里拿着两把刚刚吃过的橘子皮，没好气儿地路过这里（本来吗，师傅们吃完了橘子，却让他给捡皮，这样的事儿放在你身上，你会高兴吗），刚好走到这牛肉锅旁，他就随手恶作剧地把左手中的橘子皮丢进了牛肉锅中（他哪里会想到，就是他随手这么一丢，便成就了一款享誉全川乃至全国的传世名菜），然后就没事儿人似地走开了。谁知过了没多久，这牛肉锅中便飘出了一股带有阵阵橘香的味道，而且这种气味还能给人以沁人心脾、醇香爽口之感。唉，这是什么味道呀？厨房所有的人都被这种特殊芳香气味给吸引住了，都不约而同地朝牛肉锅这边走来。近前一看，这才恍然大悟，噢，原来这橘香是从这牛肉锅里冒出的。唉，怎么今天冷菜师傅在这牛肉锅里又放进了橘子皮呢？

再说咱们那位冷菜师傅，隔着玻璃见人们都围在了他烧的牛肉锅旁，以为是煳锅了呢，急忙来到大厨房径直朝牛肉锅走来。唉，怎么这么香啊，待他近前一看，噢！原来是锅中冒出的香味把其他老师（重庆习惯把师傅称为老师）引了过来。

唉！我没有往锅里放这橘皮呀。这是怎么回事呢？再说咱们这位小师傅，一见大家都议论起了这牛肉锅中的橘皮，还真以为他做出了什么麻烦事儿呢，所以，他一直都没敢近前。这时见冷菜师傅认真起来，便大着胆子上前小声对他说："对不起，这橘皮是我放的。"什么！是你放的，真的是你放的吗？冷菜师傅听他这么一说，足足愣了有半分钟，然后就大声连问了两遍。见冷菜师傅这样的表情，这位小厨工更是害怕起来，连忙怯声声地回答：真的，真的是我放的！

唉呀！这回你可立了大功了。冷菜师傅高兴地在这位小厨工后背上擂了一拳："你闻，这味道有多香呀！"听他这么一说，别的师傅也你一言我一语地都说这味道的确不一般，而且是出奇的醇香！

打这儿以后，这望江楼可就没有了以往的麻辣牛肉，而是全新推出了当时在重庆餐饮业还未曾见过的"橘皮牛肉"。而且没过多久，朝天门码头附近的所有餐馆也都跟着学做起了这"橘皮牛肉"来。

听到这儿，我才恍然大悟，噢，原来这小小的一款"陈皮牛肉"里还有这么多的说词呢。

那为什么"橘皮牛肉"变成了后来的"陈皮牛肉"呢？这一"橘"一"陈"又有什么不同呢？陈师傅不慌不忙地对我说："随着此菜制作规模越来越大，所以也引起了那些高档饭店酒楼大厨们的好奇之心，纷纷来到这望江楼亲自品尝这橘皮牛肉。这一尝不要紧，果然感觉味道有新意。虽然这往牛肉里面加放橘皮看似很简单，用行内话来讲就是犹如窗户纸被捅破那样手到擒来，但你可别忘了，捅破了以后你才会知道它是这么薄！"

于是，这道原本出自小小望江楼，且又是不经意间创制出的牛肉小菜很快在重庆的餐饮业红火了起来，后来不知是哪位智者，又把这"橘皮"的"橘"字改成了"陈"字（其实这样改是很有道理的，因为在没有鲜桔皮时，质干的橘皮稍泡以后也是可以入菜的。而干制的橘皮在民间刚好被称作陈皮），所以此菜最后才得以"陈皮牛肉"而传播开来。

听了陈师傅这一番生动讲述，我心中开始感谢和崇拜起那位当年的小厨师，今天的老前辈。时光虽已飞逝，但这款给我们这些川菜厨师带来荣誉和经济利益的陈皮牛肉却传承下来，并且早已走出了国门。

第三章 名人与名菜

名菜之所以能成为名菜，其实根本原因不是做出来的，而是「被吃出来的」，这恰恰是制作者们所不曾想到和不愿接受的。看完此节内容，相信你也会同意笔者的这个观点，因为这是实践得出的真知。

乾隆也曾食醉螺

　　"醉螺"又称"醉泥螺"。是我国东南沿海地区一种特有的小海鲜美食，素以"酒香醇浓，肉质滑爽，咸中微甜，鲜香可口"而著称，历来为人们佐酒的上品。

　　然而，原本做川菜的笔者，怎么又和这海边美食扯上关系了呢？其实说起这事，对于我们职业厨师来讲也不足为怪，因为我们是可以应聘到任何地方去主厨的。

　　这次与醉螺结缘，完全是我在上世纪 90 年代初，在厦门信达大酒店工作期间的一种机缘巧合。对于我这多在内地工作的厨师来讲，这次鹭岛之行，可以说是一个难得的学做海鲜菜的好机会（这时我才更加明白，有我学做川菜的功底，他方菜系只要我稍加用功，就可以学会）。二十余年以后的今天，每当想起那段司厨经历，真是受益匪浅。

　　记得我第一次吃醉螺的情形是这样的：那是到厦门不久的一天晚上，餐饮部经理约我到鼓浪屿上的鹭岛饭店去尝海鲜。

　　说句心里话，这顿饭对于我来讲，还是满有吸引力的。因为我刚一到厦门，就有人对我讲，在海岛吃海鲜跟你们在北京吃海鲜的感觉那可是大有区别的。

怀着一种好奇心里，我俩来到码头登上轮渡，不一会就到了对岸。我迈着轻快的步伐踏上了这旅游圣地鼓浪屿，面对大海，这时我的心情豁然开朗了起来。

上得岛来，我们闲逛了一会儿，才来到了这有名的鹭岛饭店。这是一座五层楼的老式建筑，一楼二楼为餐厅，三层以上是客房。我俩来到一楼餐厅，还没有转过神儿来，只见一位大厨模样的同行便迎了上来（原来经理在这里有朋友），先同经理打了招呼。经理又把我介绍给他。由于是同行，说了不过三言两语我们就熟悉起来。我跟着他来到他们的厨房看了一下儿，实事求是地讲，那宽大的海鲜池的确是令我有耳目一新之感！

当我们被安排好以后，即刻就上来了几盘海鲜小菜。那位大厨手指一盘泥螺对我说："刘师傅，其他小菜在北京你可能都吃过，但这盘'醉螺'我保你是今天才第一次吃到！""是吗？"我却有点不相信。

于是，我就伸出筷子夹了两只认真吃了起来。肉虽然不算多，但那鲜香之味的确是难能可贵，在北京轻易不会吃到。我尚在回味之时，那位大厨又开口说道："这醉螺又称醉泥螺或是醉花螺，是咱们厦门的特产。不瞒刘师傅你说，想当初大清朝的乾隆皇帝还吃过咱这醉螺呢！""什么！乾隆还吃过这厦门醉螺？"见我质疑，大厨先给我们各倒了一杯啤酒，然后就用那带有闽南口音的普通话轻声细语地讲了起来："其实这醉螺听老人们讲，始做并不在厦门，而是远在江苏的沿海城市，只是后来不知是哪位先生把它带到了咱们厦门（这话讲的靠谱，因为当年乾隆虽是屡下江南，但从来没到过福建），再加上咱们此地师傅们的传承与改进，才形成了今天我们所吃到的醉螺之口感与味道。"

酒干两杯以后，他就开始对我讲起了乾隆吃醉螺的故事。

据说在清朝的乾隆年间，江苏盐城一紧靠海边的渔家小镇上，有一位头脑灵活，厨技高超的张师傅突发奇想，把他们此地盛产的泥螺淘洗干净，用红砂糖和大麦烧酒"醉泡"了起来。

　　话说大约过了十天左右，这缸中飘出了一阵阵的酒香，招引来许多人。待张师傅揭开缸盖一看，唉呀！酒香更浓了，所有的人几乎被熏醉。

　　这时，只见这位张师傅顺手拿起一只泥螺先闻了闻，又取出螺肉放入口中这么一尝，嘿！这螺肉中的腥气已是全无，剩下的只有那醉人的香味了。

　　“醉螺”成功制作的这一消息，立时在小镇上不胫而走，没过多久，便成了这小镇上独有的风味美食。

　　话说在离这小镇并不太远的盐城，有一位十分嘴馋的知州大人，也不知怎么知道了这小镇出醉螺的消息。

　　这位馋知州二话没说，便微服私访来到这小镇上，先是亲口尝了尝这醉螺，感觉还真的不错，于是，就又掏钱买了一大包醉螺带回了盐城，末了还不忘叫他的家厨模仿制作。

　　但这毕竟是个技术活，只凭吃上这么一两次就会做那是不可能的。所以，家厨做了几次，知州大人都觉得口味不对，于是，不得不再次派人前往小镇，以食客的身份去“偷艺”。您还别说，这一招还真灵，大约过了十几天，这位终于学成而归。话说没过多久，正值乾隆皇帝五十六岁寿诞之日，按照常理，各地州府是要进贡贺礼的。这位颇懂钻营之道献媚之术的知州大人，为这贺礼的选择可是动开了脑筋。他深知当今天子不仅深爱名人字画，而且平日里也讲究饮食之道。所以，在正式的贺礼之外，又进贡了一坛醉螺，信心十足地差人送到了京城。没过多久，从京城朋友那里得知，乾隆皇帝吃了他进贡的醉螺之后，很是满意，连声夸他会当差，而且还下旨钦封这醉螺为贡品，年年要进奉清宫。

　　这位知州听罢，凭借多年官场经验，心想这升迁之日那将是指日可待。

　　果然不出所料，没过多久，吏部一纸公文，便把他调任东南沿海的厦门做了父母官！于是，这醉螺从此也就随之在厦门落了户。

古老肉源自朱元璋

作为上世纪80年代北京餐饮界几大知名饭店的风味菜肴制作者，笔者和来自北京一家久享盛名饭店的广东菜名厨，同属业内少壮派的王师傅相处数年结下了深厚友谊。

俗话讲，熟不拘礼。每当我们见面，一有闲暇就会各自表白夸赞自己所学的那一方菜系如何如何好，如何在中国烹饪中所起的作用为他方菜系所不及。就这样，在不停的争论中，我俩不仅享受到了知识带给我们的愉悦，而且也使我们在专业理论方面都得到了净化和提高。更令我们高兴不已的是，在这你一言我一语中，我们在专职自己一方菜系的基础上，对对方菜系的知识更是获益匪浅。

如我对他讲，川菜中许多菜肴的背后都会有一段脍炙人口并鲜为人知的趣谈轶事做支撑。像麻婆豆腐、宫保鸡丁、樟茶鸭子等都是如此。

听了我的话，他也理直气壮地对我说："你们那些菜中故事的主人公不都是平民百姓或是王公大臣吗，我张口就能给你讲广东菜中与明太祖朱元璋相关的故事。"我一听连忙摇头："别白话了，你们广东菜中还能有与皇帝有关的菜肴？"

他看了看我说："好，那我就给你讲一讲这古老肉的故事！"咳，我一听就泄了气，"我以为你要讲什么名馔大菜呢，原来是这不起眼儿的古老肉啊！"

听我这么一说，他不免有些着急起来："古老肉怎么了，你别看它普通，但是它背后的故事却很有听头！"

他面露得意之情对我说："由于时间的久远，这古老肉成名的事儿你可没赶上。"我连忙插问了一句，"那你赶上了？"听我这么一问，他连忙解释道：噢，我也没赶上。听老师傅们讲，当年咱们这位洪武皇帝在起事之初，与元军可以说是三天一大仗两天一小仗。连累带饿再加上每天的急行军，说实在的，全军上下那个狼狈劲儿可就别提了。有时打了半天仗是连一顿饱饭都吃不上！

话说这几日，朱元璋率领弟兄们在连石山整整打了一天的大仗，而且军中已断粮一天有余了。作为义军的首领，他此时也想不出一个解决这粮荒的好主意。单说这一天，朱元璋随几个将领来到山下一个小村庄。将近中午，他们个个肚子饿得咕咕叫。转眼便来到了一庄户人家门前，见有炊烟，说明主人家正在做饭，于是想拿散碎银子换些饭食来吃！

王师傅见我听得入了神，便故意说道："这比你们川菜中的麻婆豆腐怎么样？"我说："你先别吹，是不是没的讲了？"听我这么一问，他连水都没顾得上喝一口又开始讲了起来："于是，这一行几人便走进了小院，往堂屋一看，见一中年农妇正在烧火做饭。元帅徐达向前说明来意。"

农妇一听，这是咱贫苦人自己的队伍，于是就把他们让进屋里，又重拿了一些肉来，着急忙慌地给他们炒熟，连同其他小菜一同端到了他们面前。说来也真怪，一见来了吃食，这几个人的肚子差不多同时咕噜咕噜地叫了起来。这胡大海急忙大叫起来：我说你别叫了行不行，这饭不就来了吗！

听他这么一喊，其他人是你看看我，我看看你，几乎同时拿起筷子向那盘肉菜夹去。您还别说，几口肉下肚，果然它就不叫了。不一会儿，饭菜就被他们风卷残云般吃了个精光。这时他们肚子里有了底儿，这胡大海又扯开大嗓门儿叫了起来："刚才那盘肉我连什么味道都没吃出来，也不知它叫什么名字？"听他这么一说，其他几个人也觉得讲的有理。这时，那位才高八斗的刘军师开口了："咱们刚才是听着肚子咕噜咕噜的叫声吃下的那盘肉，干脆就叫它'咕噜肉'吧！"朱元璋一听军师讲得确实在理儿，于是大手一挥，本王决定钦赐它为"咕噜肉"（您还别说，现如今有的餐馆的菜牌上还真有这道菜呢）！

听他这么一说，我才恍然大悟，原来这"古老肉"的菜名是由明太祖钦赐的呀！我们那麻婆豆腐还真是比不了。

听了我这话，王师傅脸上露出了得意的笑容，慢条斯理儿地喝了两口茶说，这还不算完，请你们稳住神，静下心，听本师傅给你们接着讲来：话说朱元璋带领义军欲血奋战，终于是北赶大元，建立了大明王朝。从此再也不用发愁这一日三餐了，每日里锦衣玉食，享尽世间美味。

但你说怪也不怪，吃了这么一段时间以后，这位太祖皇爷总感觉着没什么味道，突然想起了在那小山村农妇家吃的那盘"咕噜肉"。再想重返那农家小院已经不现实，于是便召来了那次同吃此菜的军师和元帅等人，一起来回忆那"咕噜肉"的做法，并行成文字传送御膳房仿制。

话说这御膳房的大厨们，接到圣旨以后就认真研究起来。肉成块状这好办，肉先切成大厚片，再改上花刀，最后再适当切块也就可以了（也有不切花刀而把肉用刀拍松散的）。但这口味他们可就犯难了，因为现在的皇上吃了那么多的珍馐美味，从他对菜肴的口味需求上来讲已是今非昔比，如果再是咸鲜之味，那皇上肯定是不会满意的。于是这御膳房总管又请教了军师。这位军师费了好半天工夫才回想起那盘"咕噜肉"能吃出些甜酸味道！

噢，敢情是糖醋味，这就好办了。于是，这御膳总管又和其他几位御大厨认真商讨，最后终于拿出了一个制作咕噜肉的具体方案。

话说这天中午，正值皇上用膳之时，御膳房精心制作了一盘"咕噜肉"，并特意放在了托盘的最上边，并叮嘱太监一定要亲口告诉皇上，这是一盘刚刚奉旨制作的咕噜肉。看着这些平常百姓连想都不曾想到的人间美食被端出御膳房，御厨们更是把心都提了起来，因为他们也不知道食用效果会如何。果然不负所望，不一会儿太监就传出了皇帝的旨意："今天这咕噜肉做的非常好，皇上很是满意，和几年前吃的那咕噜肉味道几乎没什么两样。看赏御膳房！"

听了圣旨以后，大家的心才一下子放了下来。有的人额头上还渗出了汗。唉，吃御膳房这碗饭真不容易呀！

打这儿以后，这道皇上钦点的咕噜肉便成了明朝皇宫里的拿手好菜，时不时的这位洪武大帝就会吃上那么一次。但这位明朝的开国皇帝，慢慢地总觉着这"咕噜肉"的"咕噜"二字对于大明朝来讲有些不吉利，于是取谐音钦赐"古老肉"之名。但令人不解的是，此菜的名称至今没有得到统一，有的叫古老肉，有的还在称咕噜肉。说句笑话，这些厨师要是放在大明朝，肯定要被定一个抗旨不遵和欺君罔上的罪名的！

听他讲完，我反问道："你先别着急兴师问罪，照你刚才这么一讲，这古老肉应是发祥于明朝首都南京。而南京从来就是江苏省的最大城市，照理说，这古老肉应算是正宗的淮扬菜，那为什么又被你们称为广东菜了呢？"

听我这么一问，他也目瞪口呆起来。就是啊，可说呢！见此情景，我俩都不约而同地笑出了声。

汤圆制作始于楚昭王

汤圆好吃，恐怕没有人持不同意见。但是，作为一种广为国人所喜爱的节令小吃，它的制作始于哪朝哪代，而且又为什么非要在正月十五这一天才"正吃"汤圆呢？

据烹饪古籍显示，关于这汤圆的来历，有好几种说法，但较为权威的说法应是与楚昭王有关。

话说春秋战国时期，楚昭王亲率大军征战邻国，经过数日拼杀终于大获全胜。这一日君臣率领大军回楚途中，刚到长江边上还未登船，人们突然发现宽阔的水面上漂浮着一个白中带黄圆球样的东西。有好事者捞上来一些，近前一看好像是一种吃食。于是又有胆大之人（要知道，那时人们的迷信观念可是相当强的，对于这种来历不明之物，一般人是不敢轻举妄动的）用刀将其切开，见内中还有馅。大家你看看我，我看看你，连连摇头，不知为何物。

你还别说，这时又有胆大之人，用手取了一只放入口中一尝，嘿！还有点甜味呢。于是大家把这奇怪的东西拿到了昭王面前。楚昭王一见之下也不知这些东西对于楚国来讲是吉还是凶。于是就命人把这次大仗的军师请到了面前。只见军师微笑言道："此乃浮萍果，民间一吃食也。""那为何又漂落于这长江水面之上呢？"军师又答道："想必江边百姓知道昭王亲统大军连日征战很是辛苦，于是就把这种吃食放于江中慰劳军士，借此以表对昭王的忠心！"

楚昭王一听军师这么解释，顿时心花怒放："好一个浮萍果，真乃我楚国之吉兆也！"于是，连忙命人乘船打捞这些浮萍果，又命大家分食以求共享吉祥。

为了纪念这个彩头，昭王还决定在楚国每年的此日，全国上下都仿制这种食品来吃，以求能给楚国带来国泰民安之运！于是，咱们这汤圆得以流传下来！

乾隆钦封大煮干丝

作为行内人，笔者虽然学做的是川菜，但对其他方菜，特别是那些方菜中的标志性名菜，也是听说过的。

淮扬名菜"大煮干丝"，笔者早在厨师培训班中学习时，就已听淮扬菜老师讲过。只是由于后来的条件所限，才对这样系外的名菜淡忘了。

说来也巧，在西城区烹协组织的一次活动中，有幸遇到了同属西城区的京城淮扬菜名店"同春园"饭庄的李师傅，才有机会就我感兴趣的淮扬名菜向其请教。

见我心诚又谦虚，李师傅便爽快地向我谈起了他们淮扬菜中一些鲜为人知的趣闻轶事。尤其把淮扬名菜"大煮干丝"的制作技艺和与其相关的一些传说故事详详细细地向我讲述了一遍。不客气地讲，在中国这么多的名馔大菜中，要论起刀功来，那还得说是"大煮干丝"最为讲究。这"大煮干丝"真正说起它的制作技术，其实并不复杂，一是刀功，二是汤汁，只要具备了这两条，那这个菜的高质量也就没什么问题了。

先说它的刀功。说句实在话，要把那扬州豆干切成粗细均匀、长短一致的火柴棍般粗细的丝，那可不是一件容易的事情。跟你说句心里话，我们这些淮扬菜厨师最怵头的就是这切干丝，没有几年的苦功夫你还真切不好它。

说起这"大煮干丝"的刀功，不仅切干丝不易，其实就连那些配料，如鸡丝、火腿丝、冬笋丝、香菇丝等切起来也是极需要刀技素养的。

再来说说这"大煮干丝"煮制时，所用汤汁的选择。其实说起这"大煮干丝"的食用价值的体现，不就是它的味道吗！如果抛开了这个味儿，您说，它还吃个什么劲儿呢？干丝再好那它也是豆制品呀！所以，业内早就达成这样一种共识，就是没有好汤，那你就别做这个菜，否则会坏了它的名声的。

那究竟用什么样的汤汁来煮这干丝呢？名师大厨们的体会是，应以品质极高的鸡汤为首选，骨头汤一般是不宜制作此菜的。

听到这里，我插话道："怪不得此菜在淮扬菜中这么被看好，原来它的制作是这么的超凡脱俗呀！"

听我这么一讲，李师傅更是来了兴趣："不瞒您说刘师傅，这大煮干丝还是受过皇封的御膳呢！"什么，我一听便惊讶了起来："那您赶紧给我讲讲这菜受皇封的事儿"。

李师傅点了点头，"好吧，那我就给您讲上这么一讲。据行内的老师傅们讲，这大煮干丝在江南一带至今已有几百年的历史了。想当初，这个菜可不叫'大煮干丝'这个名，而是叫'九丝汤'（其实细想起来这也是很有道理的），而且在扬州一带差不多每家餐馆都能吃到。"

那为什么此菜又幸得皇上钦封，而成为御膳呢？这还要从当年乾隆帝下江南巡游私访说起。那年初秋时节，乾隆皇帝一行微服南巡来到了扬州地界儿。君臣一行住到这扬州城以后，可以说是几乎把本地的美味佳肴都尝了个遍，但你要说它们是如何如何地真好吃，其实还真算不上（其实这也在情理之中，您想啊，皇宫的御膳房中什么好吃的没有呀）。倒是有一款汤菜给他们君臣留下了难忘的印象，而且他们几乎每天都要吃上这么一次（后来才知道就是这九丝汤）。

直至他们离开扬州城的前一天晚上，君臣们来到城内一家很讲究的酒楼,最后品尝这扬州美食。

打开菜单一看,许是无意,这君臣们第一个看到的就是"九丝汤"。不用说了,这个肯定成了必吃之菜喽!接着他们又点了几道当地小菜,便静静地等候起来。

在大家的期盼中,这款盛在青花瓷大盘中的"九丝汤"刚一上桌,就把大家的食欲调动了起来。君臣们用小勺来品汤,然后再吃干丝等尝鲜。唉呀!吃得那个高兴劲儿就别提了。皇上还特意叮嘱叫大伙儿记下这汤菜的用料及口味,准备回宫叫御膳房的师傅们来仿做!

但是,待乾隆帝回京以后,再吃这御膳房仿做的"九丝汤",那味道怎么也不如在扬州吃得味美。经过几番试做,皇帝都不认可。于是,只得调扬州名厨来御膳房专做九丝汤等扬州名菜。

也许是心理作用,这回皇帝满意了。龙心大悦之际对御膳房的总管说道:"朕封扬州来的厨师为御厨,只是这'九丝汤'嘛,从今以后,宫中就称它为'大煮干丝'吧!"后来人们才明白,这九丝汤的"九"字与皇宫中的"九"字有些相撞,而"大"字是完全可以用来表达"九"之意念的。打这以后,这位扬州来的御厨,也就踏踏实实地做起这"大煮干丝"等淮扬风味的御膳来。

后来,皇帝钦封九丝汤为"大煮干丝"的消息,不知怎么传到了宫外。没过多久,更是传到了它的老家扬州。一时间整个扬州城的餐饮界纷纷改"九丝汤"为"大煮干丝"。也许真的是沾了"皇气儿"吧,此菜在扬州果然是久盛不衰!

听到这儿,这话茬才算告一段落。只听李师傅又慢慢地说道:大概也正是因为这个原因吧,所以此菜的制作,在淮扬菜中就像您那川菜中的"麻婆豆腐"一样,成了历代淮扬菜厨师检验其厨技水平的标志性菜肴!

我轻轻地点头称是。是啊,作为咱们中年厨师来讲,学习继承传统菜的担子还真不轻呀!

隋炀帝赐名狮子头

　　大凡熟知淮扬菜的人，恐怕是没有人不知道它的拿手菜"狮子头"的。笔者科班学的是川菜。说句实在话，平常是没有机会了解和学做他方菜系的。然而，在工作了三十几年以后的上世纪 90 年代中期，我却有幸结识了京城淮扬菜大师陈泰增先生。

　　作为工作在有"北京川菜第一家"之称的四川饭店的一名厨师，陈泰增先生的大名，我在见面以前好多年就已听说过。他以精湛的厨艺多次为周总理、陈毅副总理等中央首长打理过伙食。他当年还曾带着石磨随陈毅远赴日内瓦，所做豆腐菜被陈毅同志用来招待外宾，并受到好评，这事一直在业内流传。让您说，能够与这么有名气的师傅结识，作为行内晚辈，我能不高兴得乐出声吗！

　　这次与大师相识，缘于那年国旅系统的厨师考核。我作为川菜评委有缘与陈师傅（作为淮扬菜评委）在评判工作中相识。准确地说，天上送给我一个向大师当面请教和学习的机会！

　　于是，只要是有空余时间，我们都会（与我同龄的还有广东菜、山东菜的两位评委）请大师给我们讲些淮扬菜的常识和烹调技巧。谁知讲着讲着，就谈到了淮扬菜的成名之作"狮子头"。

说句心里话，"狮子头"三个字真不知听过多少次了。不就是一个普通的肉丸子吗，但它在咱们中华美食中，为什么会有如此之高的名气呢？是不是又在忽悠人呢？于是，我们几个都向大师提出了请他详细介绍下这个菜的请求。没想到陈师傅以他那快人快语的性格，二话没说就爽快地答应了下来。

大师喝了两口江南人爱喝的龙井茶，稍加沉思对我们就讲开了："其实狮子头在正宗淮扬菜中的名称应该是'清炖蟹粉狮子头'。可以毫不夸张地讲，此菜以其细腻的刀功，考究的用料，近乎完美的火候，无可挑剔的口味与口感，早已成为淮扬菜中那些名厨大师们的拿手杰做。在业内，如果这个菜你做不出点彩儿来，那你是很难，或者说根本就不可能成为淮帮菜名师的！"

说起此菜的制作，讲究的师傅是要经过选料（精选五花肉）、刀功成型（一刀一刀地切成和黄豆粒大小相似的颗粒，绝对是不能剁的）、搅拌（顺着一个方向搅拌，使之上劲儿，防止肉粒散籽）、盖菜叶（防止露在汤外的肉色变黄，质地不嫩）、文火炖制（切忌火力过大，需炖三个小时左右）这样五道程序。而且只要其中一道程序完成得质量不佳，那它就会直接影响到下一道程序的高效完成。

我忙给师傅递上了茶杯，他只喝了一小口儿，接着又讲了起来："狮子头在淮扬菜中可以说是有着久远的制作历史了。我听业界的前辈们讲，早在隋朝年间，江南的扬州一带就有制作了。不过那时此菜可不叫'狮子头'，而是以'葵花大肉'相称。听到这儿，也许你们要问了，那从什么时候起，这葵花大肉才改成了今天的'狮子头'呢？听我的师傅对我讲，这一菜名的改变还与隋炀有关呢。"

原来这位皇帝为了到江南来看"琼花"，于是就下令从京东的通州至杭州修了一条举世闻名的"京杭大运河"。

话说这一日，炀帝一行沿运河南下，径直就来到了古城扬州。在那封建社会，一听说皇帝驾到，那些地方官吏可就忙慌了神儿，唯恐侍奉不好而因此丢官罢职，听说已往因此事丢了性命的大有人在。

正是因为这个原因，这扬州知府那更是殷勤有加不敢怠慢。一日三餐，拿出当时扬州各大餐馆的拿手好菜来贡奉圣上。话说这位大隋朝的二世皇帝，本来就对宫中御膳百般挑剔，对这扬州进贡来的美食更是挑肥拣瘦。您还别说，不知是为什么，皇帝陛下忽然对其中的一款名叫"葵花大肉"的清炖丸子产生了好感，不仅是当顿饭就吃了两只，还传旨命那扬州知府接着顿顿献来！

嘿！这扬州知府一听完圣旨，心里就乐开了花。看来我这次升迁是有希望了！于是他连忙命手下人到扬州城里最有名的酒楼去做这御用"葵花大肉"。

就这样，这位隋帝一连几顿都品尝了这精心制作的扬州名菜"葵花大肉"，还很有兴致地询问起了这道菜的名字。当听说是叫"葵花大肉"时，心中不免有些不快，认为这个名字有些粗俗，只见他龙眉一皱脱口说道，从今以后，朕就赐它叫"狮子头"吧！并且还传下旨意，来日与群臣共享这狮子头！

也就是打这儿以后，在扬州一带，葵花大肉很快就被这御赐"狮子头"取代了。一旦御赐了菜名，此菜的制作也就更加讲究了。你想啊，在那帝制年代，若是沾上了皇气儿，那黄土也有可能当作金子来看待呀！更何况这狮子头本来就为当地人所喜食呢，所以在扬州城里，只要是餐饮企业，每每都会有狮子头售卖。

讲到这里，陈大师稍微停顿了一会儿轻声说道："从隋朝到如今，历经这么长的岁月，这道淮扬菜的传世之作也得到了无数名厨的传承和提高。只是到了近代，其色香味型才得以如今天所显示的那样被定格！"

我们不住地点头称是。这时大师又语重心长地朝我们说道："作为咱们这一行儿，要想创制出一款为行内行外都认可的名菜，那得多不容易呀！要想做好一款名菜，可不是三天两日之功就能得来的。"大师的这句肺腑之言，至今我都没有忘，而且已经是深受其益了！

受过皇封的鳝鱼菜

要说吃鳝鱼菜，谁都知道北方远远不如南方。但要说南方吃鳝鱼能吃出彩儿来的，那行内人都会毫不犹豫地告诉你："在四川，是川菜！"

真正了解和接触鳝鱼菜，那还是笔者1975年来到重庆学习的时候。毫不夸张地讲，那时在重庆，你只要爱吃鳝鱼，随时都能在大街小巷，特别是菜市场周边买到。笔者多次亲眼目睹过那卖鳝鱼的情景。一块长条形木板，一端钉着一个铁钉，卖鳝人手执一把小刀，先把鳝鱼摔晕（死鳝鱼为食鳝者之大忌），把头固定在铁钉上，再用小刀从头部剖开向下划来，直至尾部，划去骨头和其他杂质，就可以装袋让客人拿走了。

这时你也许要问了，为什么不像收拾其他鱼那样把满是血水的的鳝鱼用清水洗过呢？实话对你说，这才是外行话呢，因为鳝鱼菜的食用实践早就告诉了我们，鳝鱼的鲜味是由它的血水而来，一旦鳝鱼被洗净了血水，内行人是根本不会再吃的！

当时在我学习的重庆饭店，可以说是天天有鳝鱼菜在做。厨房中专有一人负责宰杀（行话称刮）鳝鱼。嘿！那位师傅刮鳝鱼的技术别提多棒了。说句俗语儿那就是"纳鞋不用锥子——针（真）好"！十几斤鳝鱼用不了多一会儿就会被他刮完。这活儿看起来真的很简单，但你若是不熟练的话，那可是非常不好做的，而且弄不好还会划破手。刮鳝者的技术那可是在"划手指"中练就的！笔者当时也曾试着刮了两条，不仅几次要划破手，而且就连"整片"的鳝鱼肉都没刮出来。这时我心中在想，厨房中真没有没技术的活。

说起川菜师傅制作起鳝鱼来，那真可说是得心应手。尤其是在有"山城一把刀"之美称的徐德彰大师手中，刚才还是两片鲜红鲜红的鳝肉，转眼间就做成了一盘盘色香味型都无可挑剔的美味佳肴来。笔者清楚地记得，当时重庆饭店的菜牌上就写着"干煸鳝鱼丝""芹黄炒鳝丝""泡椒炒鳝丝""独蒜烧黄鳝""家常烧鳝段""干烧马鞍鳝"等菜名。大师那娴熟的炒菜技巧，有时会把你看得愣了神儿，这种感受不知你信不信，反正我信！

给笔者留下最深印象的，是那次徐老师教我们制作干煸鳝鱼丝的情景（笔者这是第一次烹制黄鳝，因为当年的四川饭店是不做鳝鱼菜的）。那天，我们切好了鳝丝、芹菜段和姜丝，随徐老师来到了炉灶间。他并没有马上动手炒菜，而是让我把茶水端过来（我们师徒那可是相当投缘儿的）喝了两口，轻声慢语对我们说："你们知道吗，这鳝鱼菜可是身价不凡呀！远在清朝，它还受过乾隆爷的皇封呢！"

什么！这血红血红的鳝鱼连皇上都吃过呢！正当我漫天遐想之时，徐老师又对我们讲了起来："话说这年乾隆帝又一次下江南，来到太湖游玩。因为来这儿也不是头一次了，所以皇上对在这儿都能吃到什么样的美食，早已是心知肚明。于是也就没有过多地费心，全凭下人们操办去了。"

话说这天中午，皇上与近臣们正在用饭（一出北京乾隆帝就与随行的大臣们共同用膳了）。桌上那一盘接一盘的美味鱼菜，还有那一碟一碟的太湖时令佳蔬都已使他们君臣个个吃得不亦乐乎。这时店小二陪着一位年纪稍大的人来到了众人面前。只见他抢先开了口："各位请先别急，这是我们的店老板，今天他要亲自给你们做一道咱这太湖边上难得的美味，以表对各位照顾小店生意的一片心意！"（乾隆可是微服私访，别人是不可能知道其身份的）那位老板更是未曾开口先露出了笑容："是的是的，请各位再喝两杯，这道美味小炒很快就会做得。"于是随伙计连忙离开了餐厅。大概也就是过了一杯茶的时间（时间不可能过长，老板下楼时，菜已经烧进了锅中），那店小二儿就把一个装在青花瓷盘中的"大菜"端上了餐桌。

大家一看，盘中红白两色分明。也不知是谁先说了一句："这白色是太湖特产鞭笋吧"。但那红色的为何物可就没人知道了。众人是你看看我，我再瞧瞧你，谁也说不出个所以然来。

还是这位皇上有些嘴急："先不管它是何物，吃下以后再问端详吧！"于是就率先动筷子吃了起来。虽说在皇上面前不敢有失斯文，但这盘菜还是转眼就被吃空了。这时只听皇上吩咐一声："既然我们都不知道刚才所吃为何物，那就传那老板前来问个明白！"

一听楼上客人再叫，老板连忙上得楼来，连声问大家是否吃得顺口。当被问到盘中为何物时，他便轻声说道："这是咱太湖水边特产，名叫鳝鱼，和鞭笋同烧而成。""这太湖边上敢情还有这么好吃的鱼呢，那就每天都给我们做上两盘来吃！"听乾隆爷（店老板可不知道）这么一讲，老板连忙答应"没问题没问题！"果然，这道"鳝鱼烧鞭笋"在此后的几天里，真个把大清皇帝一行吃了个服服帖帖心满意足！

临别之时，皇上亲封这鳝鱼为"水中紫龙"并年年进贡京城。但这鳝鱼每每都是吃时再杀，所以只能是鲜活着送到御膳房。然而这偌大一个御膳房，你还别说，竟然没有一个师傅会收拾这水中紫龙。无奈之下又请皇上下了一道圣旨，急调一位太湖厨师进京专门做这道菜。

经过这么一番折腾，此菜终于被端到了皇上面前。乾隆帝一吃，果然和在太湖边上吃的一般无二，于是龙心大悦，又钦封这位从太湖来的厨师为"御厨"！

徐老师讲到这里，看了我们一下儿说道："连皇上都夸这鳝鱼菜好吃，你们说，作为今天的厨师，我们能不认真地来做这水中紫龙菜吗！"

听着徐老师语重心长的话语，起码我心中是鼓起了一股劲儿，要用尽心思来学做这些鳝鱼菜，不然的话，说不定这些皇家御用美食就会在我们手中失传！

努尔哈赤与黄金肉片

作为川菜厨师，笔者对关外的东北菜基本上是不了解的。然而，为什么又知道东北菜中有这么一道出自努尔哈赤的关外名菜呢？

这话说起来，至今已有二十八年了。记得那还是在 1985 年秋天，我作为著名川菜大师陈松如先生的助手和徒弟，陪同师傅受黑龙江商学院旅游烹饪系之邀请，前去教授四川菜。

我们师徒二人刚一出火车站，就受到了烹饪系的汪荣教授等人的热情接待。由于职业的关系，我们刚认识也就十几分钟，就对当前中餐近况进行了沟通。

对于汪荣教授的大名，我在北京就听师傅说过。他当时可以说是中国餐饮学校的第一个有教授职称的老师。用我们业内的话讲就是，不仅实践经验丰富，而且理论水平也高。能和这样的老师相识，我心中暗自庆幸这次东北来得值。

果然不出所料，师傅和汪教授谈得真是很投缘。师傅以他那几十年的川菜制作实践，与汪教授丰富的烹饪理论两者一碰，刚好得出了已往难得一见的中餐烹饪独到之见解。作为刚刚入行才十四年的年轻厨师，我当时在旁边几乎听得入了神儿。他们两位是你说过来，我再讲过去，你有你的观点，我有我的看法，但总的来讲，我发现在他们交谈中，多是师傅占主动，因为我们的川菜以其博大精深的烹调技巧和厚重的文化积淀，每每都会使他方菜系自叹不如。尤其是在味道的调制上，我见师傅双手一摊，如数家珍似的滔滔不绝，直把这么一位大教授听得是两眼发直！

说着说着我们就来到了商学院。教授告诉我们，等一会儿他们会用地道的东北菜来给我们接风！

作为行内人，东北菜我早就听说过。那些处在似是而非水平上的关外菜我也吃过，但真正像这样能吃到本乡本土的东北菜，还真是大姑娘上轿头一回呢！

休息了一会儿，我们随教授来到一家看上去还不错的酒楼。他以主人的身份开始点菜了。起初我听起来倒也不觉有什么新鲜的。但当我听到"黄金肉片"四个字时，开始还以为是自己听错了。什么，黄金肉片，还真没见过把菜名直接用黄金来标识，看来关东人的豪放性情真是无处不在呀！

见我有些发愣，教授笑着对我说："小刘师傅，这道菜名谁第一次听说都会有些不解，但我们东北菜中的确有这么一款菜。而且说起来它的制作与大清朝的努尔哈赤还有着直接的关系呢。据说，黄金肉片是大清朝第一位皇爷所制作的！"

什么！这么一道黄金肉片，原来是出自努尔哈赤之手？真是令我感到惊讶！我忙说："教授，那就请您赶快把这其中的原委向我们介绍一下儿吧。"

汪教授听罢，笑着对我说："你先别急，咱们边吃边谈，不经意间得到的知识，反而会记得更牢！"

于是，我们边吃边谈边谈边吃，原来这东北菜也有这么多的说词呢！

吃着吃着，只见服务员端来了一盘色泽黄中发亮的肉片和一小碟味汁放在了席前。只见教授端汁在手，轻轻往肉片上这么一浇，只听得盘中肉片发出吱吱的响声，并且有一股浓郁的甜酸味道随即飘将过来，我不禁深深地吸了一口气，嘿！这怎么像我们川菜中的锅粑菜的味道呢？

只见教授给师傅和我每人夹了一块儿，叫我们趁热吃，不然口感就不那么焦脆了。

我夹起肉片往嘴中一放，刚刚一咬，就感觉到有外焦里嫩的口感，再加上味汁这么一融合，您猜怎么着，那食用效果真是出奇的爽！唉，还真好吃，没想到这普通的肉片，还能做出这样味美的菜肴来。见我和师傅对这黄金肉片有如此的评价，教授说让我们各自再吃两片，然后就给我们讲起了这其中的故事来。

这话说起来还真是有点长了。那还是努尔哈赤未成汗王以前的事情了。那年还很年轻的努尔哈赤正在当地的明朝总兵府中当差。说是当差，其实就是在他们家的厨房干些杂活。别看他当时不能做上等活，但总兵大人的享乐生活他可是见过了。仅就这总兵大人每天的三顿饭，那也是要八位师傅来侍候的。府中的规矩是，总兵大人的每顿饭，要这八位师傅各做一个菜，原料、烹调方法和味道都不能重样，否则就要责罚所有师傅。所以，每天这些师傅早早就会把下一顿的饭菜安排好，生怕自己的一菜之过而连累他人。

这一天，其中的一位师傅因身体不适而没有上班。这下儿可急坏了厨房的管事，因为总兵早已有话，每餐中的八个菜是不允许代做的。正在情急之中，刚好见到努尔哈赤担水归来。这小伙子在厨房当差也有二三年的时间了，虽不是师傅，但炒个把小菜儿也应该是可以的。因为这行中早就有"熏也是可以把你熏会的"说法。于是他就把这努尔哈赤叫到了面前："今天咱们这儿刚好少了一位师傅，你能不能做一道简单的菜来顶替一下儿呢？"

什么？让我给这总兵大人做菜，这能行吗！能行！救饭如救火，你的菜最后再上，说不定那时的总兵大人已吃饱，你的这个菜看看也就罢了呢。听管事这么一说，努尔哈赤的胆子也就随之大了起来。他取了些瘦猪肉切成大片，先腌进味，然后再裹上鸡蛋糊，上锅煎到两面色泽金黄、口感焦脆放在了盘中，又用白糖、醋、酱油等调料兑成了味汁，最后端给了总兵大人。

当时那管事和做菜的师傅们手里都捏着一把汗，不知这努尔哈赤做的肉片给他们带来的是福还是祸！

再说咱们这位专司杂工的努尔哈赤，自打这菜端走以后，心里就在想，总兵大人你可千万别吃那盘菜呀！因为那不是师傅们做的呀。

再说餐厅中的那位总兵大人，您说怎么这么巧，刚吃完第一个菜他脑子里忽然想起了心事，待他醒过神儿，刚好正是努尔哈赤做的那盘肉片端上桌，也许是因为前头几个菜没顾上吃，肚子有点饿，所以总兵大人三下五除二就把这盘肉片吃了个精光，边擦嘴边不住地说，好吃好吃！接着就传下话来，叫管事的前去见他。

这一句话传下来，好家伙，真个是把管事的一干人等吓了个目瞪口呆。心想，坏了，这回可闯下大祸了。管事心惊胆战地来到餐厅，见总兵大人脸上有一丝笑容，并不像往常生气的样子，所以他的心也随之放了下来！

只听总兵大声说道："今天最后上的这个肉片很好吃，叫什么名字呀！"听总兵大人这么一讲，管事的胆子也大了起来，心想可不能放过这讨赏的好机会。于是他说道："总兵大人，这是今天小人特意给您安排的一道新菜，小人不敢妄取菜名，还靠大人恩典！"

您还别说，管事的这两句话，真把这位行武出身的总兵大人给说得心花怒放起来。想起刚才那肉片颜色是金黄金黄的，为取个吉利，于是他脱口而出，那就叫"黄金肉片"吧，而且每人赏白银二两！并指示要把这做菜之人长期留在府中事厨。这下儿可把管事乐坏了，连忙叩头谢恩。

见管事这般高兴地回到了厨房，师傅们，特别是努尔哈赤连忙凑了过来。管事一把拉住努尔哈赤的双手："你今天可给咱们大伙儿立了功了，师傅们都沾了你的光儿，总兵大人说你这肉片做得很好吃，不仅赏给咱们每人二两银子，而且还给你今天炒的肉片赐名叫'黄金肉片'，更是叮嘱我要长期留你在府中当厨！"

高兴归高兴，但胸怀大志的努尔哈赤心里却在想，长期在你府中当差，你真是想得太美了。在这儿对我来讲只是权宜之计，我还要闯我的一番事业呢！果然没过多久，努尔哈赤真就辞掉了总兵府这一差事而干他的大事去了。

后来努尔哈赤当了汗王，这黄金肉片也就跟着一下子成了宫中名菜。具说清军进关以后，北京的御膳房中始终在做这道"黄金肉片"！

　　教授讲到这里，喝了两口茶又轻声说道："后来这道黄金肉片也就成了咱这东北菜中一款有名的传统美食。而且历经这么多年的改进，才成了刚才咱们吃的这个口感与味道。"

　　听完教授的这番讲述，我的视野好像也开阔了许多，除去川菜以外，他方菜系的美味那也是内涵厚重啊！

刘秀情系清蒸鲫鱼

作为川菜的一名烹饪技师，笔者在四川饭店不知做过多少次的清蒸鲫鱼，但要说真正了解此菜的制作真谛，那还是在 20 世纪 90 年代的中期。

记得那还是在 1995 年的春节刚过，笔者以餐饮总监的身份受聘于厦门的信达大酒店。说句心里话，我当时心里也在打鼓，因为我做的是川菜，而且谁都知道川菜一向是以味浓味厚讲究麻辣著称的，但我所要工作的地方，那可是典型的闽南菜盛行的厦门，我这川菜在那里会不会水土不服呀！

但凭我多年的工作经验，心中的底气还是很足的，于是我兴冲冲地来到了厦门。由于厨房还在筹建当中，店方为了使我了解当地人的饮食风俗和餐饮经营状况，餐饮部的经理领着我们几个人品尝了当地几家较为有名气酒楼的菜肴。

经过几天的亲身感受，我心中更有底了。只要我能把麻辣的程度适当减下来，当地人还是能够接受的。因为那时在中国的餐饮界，烹饪原料就没什么界线可言了，而菜肴的风格也只能通过味道来体现了。

这天下午，我正在做厨房的招聘工作（当时我只是一个光杆餐饮总监，所有厨师都由我来招），餐饮部的郑经理打来电话，说晚上我们要到厦门一家很有声望的淮扬菜酒楼"淮扬春"品尝他们的淮扬菜，说不定会对咱们酒店的菜品定位有些启发！

晚上七点左右，我们一行四个人便来到了位于厦门市中心的淮扬春酒楼。由于此时刚好是饭口，所以进到餐厅一看，空位已经不多。在服务员的招呼下，我们在一个圆桌前坐了下来。经理请我来点菜。我也没客气，翻开菜单细心看了起来。由于职业的关系，我对菜单中"海鲜水产"一栏中的菜品很感兴趣。您还别说，作为海边城市，这里的饮食习惯与咱们内陆城市的区别还真很明显。菜单中看不见已往我所熟悉的"干烧""豆瓣""鱼香""麻辣""水煮"等字眼儿了，所能见到的则是"清蒸""清炒""沙茶""盐焗""白灼""盐水"等烹调方法了。

于是，我特意点了一道这家酒楼的招牌菜"清蒸鲥鱼"和"葱姜炒肉蟹"两个菜，其他人又点了几道小炒。

此时，我心中在想，清蒸鲥鱼对于川菜来讲其实并不拿手，它应属江浙菜系范畴。所以，我今天所见到和品尝到的清蒸鲥鱼绝对应是"正宗本帮"级别的！

在我的期盼中，这道价格不菲的"清蒸鲥鱼"端上来了。

我仔细一看，用料基本上和我在四川饭店所做的相差无几。金华火腿、大海米、香菇、冬笋都码放在了鱼的表面。您还别说，真有几片已被蒸化的肥膘肉被我一眼就给看到了。到底是名菜系中的名菜，果然做得有些讲究！

经理说请我先吃这第一口。为了工作我也没推辞，于是向他们道谢以后，我就伸开筷子，在其中段处夹了一块鱼肉（为的是检验其口感）放入口中这么一尝，嘿！您猜怎么着，那口感简直是细嫩极了，说得夸张一点儿，可以用"一抿即化"来形容，而且那味道别提多鲜了！

见我面带满意的表情，经理就问我这鱼做得怎么样？我连考虑都没考虑就脱口而出：太好了，真是名鱼遇见了名厨才做出了这道名菜系中的名鱼菜！

听我这么一夸，其他三个人也纷纷伸出了筷子，来分享被我这内行称赞的清蒸鲥鱼。他们一边吃着一边也是赞不绝口。

见他们吃得这样高兴，我心里却在想，这本帮菜做起来还真有他们的过人之处，以往我做了那么多年的清蒸鲥鱼，平心而论，那质量还真比不上今天我们所吃到的这条，想必这其中会有"独门技巧"吧？作为行内人，我想我不应该放过这请教问艺的机会。

于是，我把心中所想告诉了经理他们，他说他们也有同感！所以，我们把服务员叫了过来，向她讲明此意，又介绍了我们的身份。服务员一听也笑了："我到厨房问一问。"

大约过了十几分钟的样子，见厨房中走出了一位近五十岁的老师傅，在服务员的引领下朝我们走了过来。我和经理连忙迎了上去，打过招呼，请他来到了桌前，连忙请服务员沏上了一壶铁观音。

原来这位师傅姓王，是这家酒楼的掌门大厨。听说我与他是同行，又是来自北京的四川饭店，所以相互之间更多了份尊重！听我说明来意，他谦虚地说："哪里有什么经验可讲呀，只不过是多做了那么几年！"

但我坚持说，虽然我也曾做过此菜，但由于它不是我们的本帮菜，所以感觉质量不如您，我今天诚恳地向您求教，您也就别客气了！

见我一片诚心，王师傅也就不好再推辞了。我忙给他倒上了茶水。他喝了两口，轻声慢语地讲了起来："说起这清蒸鲥鱼，的确可以算得上是我们淮扬菜的本帮名菜了。而且我听前辈师傅们讲，这清蒸鲥鱼在淮扬菜中的制作，有近一千年的历史了！""什么，一千年的历史，不就是一条鱼吗，怎么比我们川菜中的宫保鸡丁、麻婆豆腐、樟茶鸭子的时间还长？"

见我吃惊的表情，王师傅笑着对我们说：请您先别急，听我把这始末缘由给您一一道来。这话还得从东汉的光武帝刘秀说起（我一听，好家伙，这一杆子就推到了东汉，那算起来距今真的有一千几百年的时光了）。想当初，刘秀在读书时，经常与同窗好友，一个名字叫王灵光的公子相约来到这富春江垂钓。话说这位王公子在当时的学友中，可以说是多懂多知，且又淡泊名利，言谈话语之中就透出那么一股清高儒雅之气。每当王公子钓到其他品种的鱼时，总会善意地把它们放生，而只有钓到那些色泽银白，鳞片闪光的

"鲥鱼"时，才会把其放入篓中。开始刘秀不解其意，询问公子这是为何？公子答道："只因这鲥鱼鳞下的肉质不仅十分细嫩，且营养更是异常丰富。所以，懂行的人在烹调鲥鱼时，一是只用来清蒸，这样可食鱼之鲜味。二是不刮鳞。否则鱼的营养就会因此而失去大半！"听罢公子的解释，这位未来的东汉皇帝才算真正理解了这鲥鱼的食用价值之所在。也就是打这儿以后，两人的感情也在垂钓中得到了升华，从而发展成了为百姓打天下，为穷苦人谋公平的雄心大志！

　　但是，怎奈这王公子的身体不给力，就在东汉王朝建立前夕，这位与刘秀东西杀南北战多年的谋士不幸英年早逝。谁又曾想到，这位王公子的早逝，给刘秀心里留下了不可治逾的创伤。为什么这样讲呢？您先别急，待我喝口茶再接着给您往下讲。

　　王师傅的这句话，把我们都给说乐了，忙给他倒上了茶水。接着他又轻声讲了起来：刘秀做了皇帝之后，虽然是天下再也没有战事，百姓们也可说是安居乐业。但是，他的心中却始终放不下与那王公子垂钓富春江同吃一条鲥鱼的情景。每当他在用膳之时，双眼看着那银光闪闪的盘中鲥鱼时，却怎么也不忍心单人独食。更为有意思的是，别看这位汉光武帝每餐只是"看"这盘中鲥鱼，但他却要求御膳房每餐都不能少了清蒸鲥鱼这道菜！

　　没过多久，汉光武帝"观鲥想友"的佳话就在宫内宫外传开了。一时间全国上下只要条件允许，家家都会食用这清蒸鲥鱼，以此来感受皇帝思友之情。经过这么一番折腾，这"清蒸鲥鱼"的制作技术，在东汉可以说是达到了顶级水平。

　　现在江南一带的菜系，他们在制作清蒸鲥鱼时，完全承袭了这千年以前的古韵，又结合了现代人的饮食特点，最后才使得这道"千年名馔"成为一方菜系的招牌菜！

　　听完王师傅的讲述，我深深感到，咱们中国的饮食文化真是博大精深！看着不起眼儿的一道菜肴，说不定它的身后蕴涵着厚重的文化积淀。就拿今天这道清蒸鲥鱼来说吧，如果我没有来到厦门，如果不是来到这淮扬春，再如果没有遇见这热心的王师傅，这菜后的故事说不定还真没有知道了。想到这些，我连忙向王师傅道谢！

他客气地对我说："其实你们川菜更是了不起，一款宫保鸡丁吃遍了大江南北，一盘麻婆豆腐吃红了国内与海外，有机会我一定向您学几道正宗的川菜！"

听他这么一讲，我忙说道："如果您有兴趣，待我们酒店开业时，我会专门儿请您来尝川菜！"王师傅答应得更是爽快："好！我们一言为定！"待我们走出餐厅，我心中还在想，这次淮扬春真的没有白来，那条清蒸鲥鱼更是吃得价有所值！

两朝皇帝同夸宋嫂面

　　作为四川饭店的一名技师，宋嫂面我不知做了多少次。开始是在著名的川菜大师陈松如先生的教诲下操作，后来我就可以独立掌勺了。在这一漫长的司厨实践中，笔者惊异地发现，关于这碗宋嫂面的身世，在咱们中国的餐饮界有两种说法：一是说清朝的乾隆皇帝下江南途中偶遇做面的宋五嫂而得名；二是说此面源于南宋的高宗皇帝。

　　宋高宗版的说法是：想当初，宋朝的徽钦二帝被金人劫往北国后，徽宗的儿子赵构逃到江南，并在临安建都，开始了我国的南宋时代。

　　这位宋高宗赵构，虽然身在临安，但每日里依旧是歌舞升平欣然享受，市井有诗为证：山外青山楼外楼，西湖歌舞几时休。暖风熏得游人醉，只把杭州当汴州！

　　单说这一日，高宗一行微服出宫来到西湖观景。谁知这一玩儿不觉就已时至正午时分。要在往常正是宫中传膳时间，但今日来到这宫外，可就没那么方便了。于是君臣一行耐着性子来到了西湖南岸的一家小面馆。进得门来一看，刚好有"鱼羹"在卖。于是每人买了一大碗面，大快朵颐地吃了起来

（微服私访也就不讲究那些规矩了）。尤其是这位高宗皇帝，更是觉得今天的面条好像格外香。鱼肉嫩且味鲜，面条筋道更爽口。转眼间这一碗鱼羹面就被吃了个一干二净。但圣上还是吃兴未减，于是又单买了鱼羹吃下这才心满意足！待这羹足面饱以后，皇上问店家这面叫什么名字。女主人回答："我人称宋五嫂，所以熟客便都以'宋嫂面'或是'宋嫂鱼羹面'相称！""好一碗宋嫂面，勘称西湖又一美景也！"

事后，这店家女主人才知道，日前来店吃面并夸面好吃的人，就是当今的高宗皇帝，于是这一消息便传开了，前来吃面的人，更是把小店挤了个满满当当。更有那好事之人诗兴大发，记录了当时吃面的情景：一碗鱼羹值几钱，香飘四溢动天颜。寻常百姓亦争食，半买君恩半买鲜！其实这诗的最后一句话倒把宋嫂面久盛不衰得以传承至今的原因说了个明明白白。因为您想啊，当年在西湖岸边卖这鱼羹面的绝非宋五嫂一家店，只不过唯她交了这挡也挡不住的鸿头好运而已。

再来说说这乾隆版。想当年这位清朝盛世天子，不知道是为了什么不了之事，屡次下江南。单说这一日，乾隆爷一行游山逛景来到西湖，坐在船上是把盏对饮。喝着喝着，乾隆忽感腹内饥饿，于是寻问船家可有吃食献上？这位船东听他们这么一问，便向一只小船划将过去，对船家女说明来意。没过一会儿，两船相对，船家女送来了几碗用鱼羹做浇头的面条。也许是真的饿了，这乾隆爷一时也丢掉了往日的威严，大口大口地吃起面来。再说那两位同行者，见皇上吃得这么香，也就忘了那些君臣之礼，不客气地一人端了一碗面也大快朵颐地吃将起来。

转眼工夫，这面就被他们吃了个一干二净。乾隆帝擦着嘴并连声说："好吃好吃，好面好面！"

待他们酒足面饱之后。才发现那送面的船家女早已划船离去（原来这船东已先垫付了面钱），于是就问这船东，今天吃的这叫什么面？船东听他这么一问，便朗声说道："这船家女，我们平时称她为宋嫂，她做的面条，我们平常都以'宋嫂面'相称。"

"宋嫂面？好一个宋嫂面！朕在宫中还真是难得吃到这么美味的面

条呢！"

其实这当皇上的都犯了一个毛病，你平日在宫中是过惯了吃一看二眼观三的日子了，即使再好吃的东西，如果是天天吃，那也是要乏味的。再有一个原因，就是今天你们是真饿了才吃的这碗面！

回到北京以后，有一次又想起了在西湖船中所吃的那碗宋嫂面，随命御膳房烹制起来。但试做了几次，乾隆都不满意。那当然了，你想啊，这些御厨们都没见过宋嫂面，再说了，谁敢当面问皇上，宋嫂面该怎么做呀？

最后还是大臣出了一个主意，派专人到西湖请来了一位做"宋嫂面"的李大哥专教御膳房厨师做这宋嫂面！

没过两天，乾隆帝又吃到了那向往多日的宋嫂面，还下旨让这位李大哥留在御膳房当差！

以上的故事是道听途说，但这碗宋嫂面却是实实在在地存在着！

乾隆钦赐虎头匾都一处

　　说起笔者对于著名的京城烧麦馆"都一处"的了解，那还是在 20 世纪 70 年代初的事情了。至今虽隔四十年之久，但依然印象深刻。记得那是我在北京市第一服务局厨师培训班学习的第二年，即 1972 年，我们一行十人来到当时位于前门大街东侧的京城知名川菜馆力力餐厅实习。正巧，当时那著名的都一处烧麦馆刚好和力力餐厅同属一个基层店领导（那年头儿区属饭庄酒楼，大约都要几家组成一个基层店，为的是便于管理），所以，没过多久，我就很自然地等来了与都一处烧麦馆师傅们相识的机会。

　　那是一天中午下班时分，全体基层店的员工都来我所在的力力餐厅开会。当时我正在和力力餐厅的师傅闲谈。这时见两位并不认识的师傅朝我们这儿走来。离好几步远力力的那位师傅就站了起来和他们打招呼。然后他又把我介绍给了他们。听说我是来自北京第一服务局厨训班，而且将来都是要分派到大饭店大宾馆，所以他俩对我们同样显得热情有加，快言快语地和我们交谈起来。这时我才知道他们是来自都一处烧麦馆的两位师傅。见时间还早，我连忙进厨房给他俩各倒了一杯水，他们和力力餐厅的那位师傅相视一笑，又点了点头，夸我勤快眼中有活儿，如果能碰上个好师傅，将来一定会有出息！

散会时，那两位师傅请力力的师傅抽时间带我到他们那里品烧麦。记得那是我俩下早班的一天下午，我们师徒如约来到力力餐厅往南也就四五百米远的都一处。离他们店差不多还有十几步远，只见那位我认识的师傅已经站在大门外等候我们了。但当时我见到店门口挂着的招牌好像是"燕京烧麦"，并没有见到乾隆帝当年钦赐的"都一处"虎头匾。

见我有这样的疑问，那位师傅开口对我说："那块匾作为'四旧'，听人说早已被封存多年了。"（他的这句话两年以后我才真正有了感受，因为我所在的四川饭店1973年重张开业时，挂的招牌也是以"成都饭庄"来取代"四川饭店"的）听他这么一讲，我不由得在店门前多看了几眼，心中在想，这是一家承载京味儿饮食文化的名店呀！

进店坐定以后，因时间还早，我们一边喝茶一边就谈起这"都一处"虎头匾的故事（我当时只有倒茶听话的份儿了）。这时只见那位师傅左手摸了摸前额，又喝了两口茶，慢声细语地讲了起来："说句实在话，在乾隆爷钦赐虎头匾以前，咱这小店是没有什么特殊名望的，在这前门大街上也只能算是平平常常的一家小餐馆！"

"那为什么当年的一朝天子，偏偏进了这不起眼的小店，还钦赐虎头匾呢？"

听到我这样发问，烧麦师傅笑了笑说，这就得算是机缘巧合，天时、地利、人和都占齐了。首先从地利上看，乾隆帝回宫，又是从南城而来，这烧麦馆所处的前门大街，可以说是必经之路。那可不是吗，当时的乾隆爷并不是有意寻这烧麦馆而来。

二再说这天时。如果不是当时天将擦黑儿，前门大街上其他卖吃食的店铺下幌儿关门儿，乾隆爷也不会选这么个不起眼的小店吃饭。

再说这第三点人和。还得说当时这位乾隆爷心情好，要是一见买卖家都关门歇业就龙颜大怒起来，让你说吃完烧麦，他还有心情给你赐名题匾吗？

我正听得出神，只见那位烧麦师傅重新振作起精神，一字一板地对我们讲道："话说这一天傍晚，乾隆一行从京东的通州微服私访回京。劳累了一天，肚子早饿了。待赶进城时店铺早都关门了，您还别说，还有一家店铺亮着灯。走近一看，原来是家卖烧麦的小饭馆。也顾不得许多了，赶忙让老板端些烧麦与他们吃！

吃饱喝足，乾隆爷率先开了口："今晚这前门大街所有店铺都已关门谢客，而唯独你们这小小的烧麦馆居然让我们吃上了这顿夜宵，我看你们这烧麦馆就叫'都一处'吧！"说完就率众人出了店门，直奔紫禁城而去。

再说这些店中伙计，没头没脑地听了"都一处"三个字，顿时是丈二和尚摸不着头脑，接着就各自该做什么又做什么去了。

令人没想到的是，几天之后的一个上午，只见几个宫中小太监送来了一块黑底金字的虎头匾。再往匾上看，由乾隆帝亲自题写的"都一处"三个大字苍劲古朴夺人二目。这烧麦馆的东家和伙计一干人等见此情景，茫然不知所措。只见一个太监手指虎头匾对他们说，你们知道那天晚间是谁到你们这儿来吃烧麦了吗？实话告诉你们吧，那是咱们当今皇上，圣上吃得高兴，所以钦赐了你们这块虎头匾，尔等还不跪下谢恩吗？

听完此话，大伙儿这才恍然大悟，纷纷跪倒谢恩！也就是从这儿以后，咱们这不起眼儿的烧麦馆很快在京城创出了名声！

说到这儿，这位烧麦师傅不由得长长叹了口气："唉，如今这虎头匾也不知放到什么地方去了。"

正当我听得入神的时候，一盘色泽洁白，形状真如"麦梢绽放的小白花"那样的烧麦端到了我们面前……

朱元璋虎皮毛豆腐犒赏文武

　　笔者没有到过安徽，但是为什么偏偏对那里的一款历史悠久的地方小吃"虎皮毛豆腐"这样印象深刻呢？

　　说起来这已经是二十多年以前的事情了。1993 年初，笔者应邀来到厦门的信达大酒店工作。作为厨房工作的全权负责人，首先就得跟采购部的采购员们打交道。

　　经过短短三五天的接触，我就知道专司厨房食品物品采买的采购员的底细了。好家伙，人家竟然有双学历，一个是安徽师范大学本科，另一个是武汉大学本科。安徽师大我不太了解，但武汉大学可是名牌大学呀！这位老弟可是我从业这么多年来所见过的学历最高的采购员了。

　　这位高学历采购员来自虎皮豆腐的故乡安徽。话说这一天上午，我正在厨房里忙活着。那位采购员老弟来到厨房，有些神秘地递给我一小包东西，并特意叮嘱这是送给我个人的！由于工作太忙，在班上我是没时间（而且也是不应该这样做的）打开欣赏的。等带回宿舍打开一看，原来是豆干模样的一种食品，包装上写的名称为"虎皮毛豆腐"，旁边还有几行小字是介绍这虎皮毛豆腐制作历史的。你还别说，这虎皮毛豆腐表面看起来并不打眼，但这制作历史还挺有意思的。我边看边打开一小包虎皮毛豆腐吃了起来，这味道还真有些独特，要说有多醇厚浓香好像也谈不上，但吃后口有余味还是没问题的。

我正在享受这虎皮毛豆腐的美味时，听见有人敲门，开门儿一看，原来正是住在我对门儿的那位大学生采购员。

"这虎皮毛豆腐的味道怎么样？这可是我们家乡有名的小吃呢！"脚还没站稳，他就这样问道。我也连忙答道："这虎皮毛豆腐好吃自不必多说，而我更感兴趣的是它的制作历史。"见我这样回答，他显得很满意，坐下来以后，手指虎皮毛豆腐饶有兴致地对我说："刘师傅，提起我们安徽老家的虎皮毛豆腐，敢情和大明朝的太祖皇帝还有直接关系呢！"什么，皇帝还能稀罕这小小的毛豆腐不成？见我面露质疑之情，他反而冷静下来，让我给沏了一杯铁观音，不紧不慢地讲了起来：想当初，在元朝末年，这位大明开国皇帝还在有钱人家做帮工。说实在的，在我们老家，帮工其实比真正的长工干活还要累，啥活计你都要干。这时间一长，他可就有点吃不消了。好在天下穷人是一家，大人们就只让朱元璋做些较轻的活儿。怎奈没过多久就让东家知道了，认为他是在白吃饭，于是就把他们几个年纪小的童工都给辞掉了。这下儿倒好，累是不累了，但吃饭可就成问题了。没办法，他们只好晚上住破庙，白天去讨饭，过起流浪无着落的生活（所以民间大明皇帝当过乞丐的说法）。

然而，好心的大伯大叔们却没有忘记这些乞讨度日的苦孩子，每天都拿出一些豆腐来送给他们糊口充饥。话说这一日，朱元璋他们这一帮小伙伴远离破庙来到十里开外的庙会上讨吃食。由于庙会人特别多，所以讨饭也比较容易，以至于他们竟一时忘了回那破庙来住。

再回过头来说这些热心的大伯大叔们，他们并不知道这些孩子这几天夜不归庙，还依旧每天送豆腐。这样大约过了五六天，朱元璋他们才又回到破庙。刚一进门，见地上放了许多长出"白毛"的豆腐。噢！原来在我们没回来的这几天，大伯大叔们依然在给我们送豆腐。见了这豆腐，大家才又觉得肚子饿了起来。于是他们就用讨来的一点点菜籽油，把豆腐切片煎着吃了。谁知这一吃不要紧，朱元璋他们都觉着很好吃（与其说是豆腐好吃，倒不如说那是饿的，这和后来的"珍珠翡翠白玉汤"的故事不是如出一辙吗）。打这儿以后，索性他们就采取这种方法来吃这豆腐了。但有时也是不能如愿的，因为菜籽油轻易是讨不到的。

后来，朱元璋当了皇帝，可他并没有忘记童年的那些穷苦伙伴，于是故地重游，来到了当年吃煎豆腐的破庙，恩赏了当地的老百姓，并传旨御厨就在此地仿制那数年前吃过的煎毛豆腐用以大宴随行的文武大臣，还钦封其为"虎皮毛豆腐"。也就是从这次重吃毛豆腐以后，这道受过皇封的"虎皮毛豆腐"不仅成了当地广为传颂的一道美食，而且还随驾来到了明宫御膳房，成为恩赏有功之臣的御赐美食！

好家伙，听完他这段绘声绘色的讲述，这小小的虎皮毛豆腐在我的眼中已是身价倍增起来，我连忙对他说："毛豆腐的味道对于我这个川菜大厨来讲，倒不一定有多么稀罕，但你讲的关于它制作前后的故事我可是实实在在地记在心里了。"

听我这么一讲，他也高兴地笑出了声："在我们老家，这样有文化底蕴的小吃还多着呢！"

雍正帝褒奖虫草炖湖鸭

　　三十年前，笔者三十来岁，在当年的北京四川饭店可以说是学技正当年。那时节我清楚地记得，每当饭店承做高档宴席时，总会做一款亦汤亦菜的湖鸭名馔，这就是虫草炖湖鸭！

　　虫草作为稀罕之物，其营养价值究竟能有几何？笔者相信，绝对不会像21世纪的今天所炒做的那样神奇（就如同本来并不起眼儿的刺参被炒得神乎其神那样）。因为当时虫草炖湖鸭这个菜，在我们制作者的心中也只是把它当作一个普通菜看来看待的，要是非说与今天有什么不同的话，那笔者给出的答案就是，那时的货更真，价格也更实在。

　　作为四川饭店的一名技师，笔者对于此菜的制作可以说是早就习以为常了。只是每次在盛菜之时，饭店的首席大厨，著名的川菜大师陈松如师傅都要站在我的旁边悉心指导。汤色熬得白不白，鸭肉炖得烂不烂，虫草与鸭肉分离没分离（每只虫草那都是要插在鸭肉中的，否则此菜就不会显出精工细做的功夫），汤中有没有油渍（鸭子煮汤很爱出油，但宴会中的汤菜可是一点点的油星都不应该有的），所有这些细节问题，老人认为没有问题时才允许把菜端出厨房。看着师傅那认真的样子，作为年轻厨师的笔者心里却总在想，不就是一碗炖鸭汤吗，值得您这么小心谨慎吗？

作为实践经验相当丰富的一代名厨，师傅其实早就看出了我的心思，终于在又一次制作"虫草炖湖鸭"时，把这个菜的历史故事和它在川菜中的食用价值给我讲了一个明明白白！

话说当年雍正皇帝在位时日子也并非我们想象的那样好过。这不，距上次龙体欠安还不到一个月，雍正帝又趴在了龙床上不能上朝理事了。这下儿可忙坏了宫中的御医。说句心里话，给皇帝看病本来就有些顾忌，更何况是雍正这位坏脾气的皇帝，又有谁敢放心大胆地给他诊病下药呢？所以，众太医也只能是望病感叹！

这时，倒是有一位近臣献出府中一味良方，以极具滋补功效的"虫草"配以"性凉"的鸭子同炖，药食同源，美味进补兼得。你猜怎么着，雍正皇帝连着吃了几天之后，嘿！这身体竟然慢慢地好了起来。

皇上大喜，不仅重赏了大臣，还钦封这"虫草炖湖鸭"为宫中御膳。

"那此菜为什么又成了咱们川菜中的一道美味鸭菜了呢？"我急切地向师傅问道。师傅喝了两口茶，又轻声慢语地说了起来："这款鸭菜一直做到了清朝旗倒国散那年，被一位名叫黄晋临的御膳房管事，连同樟茶鸭子等宫中美食一同带到了成都，并首先在一家名叫'菇菇宴'的酒楼传做下来。此菜一经推出，便很快得到了行里业内的普遍认可。就这样虫草炖湖鸭成了川菜高档酒楼的一道味美难得的名菜。"

1959年，四川饭店作为当时北京唯一一家川菜专营的高档食府，你想啊，能少了这样味美的汤菜吗？而且它已经成了饭店高档筵席汤菜之首选！

听了师傅的这番讲述，我深深地懂得了中国饮食文化之博大。即使是这么一碗看似普通的炖鸭汤，背后都有这么一段感人的趣闻，你说，作为职业厨师，有理由不把它学做得近乎完美吗！

南宋皇太后爱吃百代鸡

　　岁末年初同行聚会，我们京城的几位同行好友相约来到一家京城知名的杭州菜馆畅谈友情。

　　席间，一款款精美别致的杭帮小菜，真个把我们这些平日里爱挑三拣四的人吃得是心服口服。酒过三巡菜过五味，服务员又端来一盘色泽金红、爽目怡人的不带汤汁，却切得小块儿的带骨鸡肉。我们面面相觑不解其意。见我等这副表情，服务员倒先开了口，听说几位是京城名厨之中的川菜名师，我们店的厨师长特送本店名菜"百代鸡"一只以表诚意！唉呀，原来是这样，我们几个不禁都会心地笑出了声："太感谢了，能不能请来这位大厨与我们见上一面，以表达我们的谢意！"见我们一片诚心，服务员爽快地答应了。

　　大约过了三五分钟，厨房的门口处走出了一位五十上下的中年师傅。我们几个连忙起身相迎。待他走到我们的席前，我们高兴地向他致谢。他也爽快地自我介绍说姓王，是杭帮菜的一位老师傅，听说几位同行结伴而来，心中很是高兴，特奉送本店名菜"百代鸡"一只以表诚意。我们几个也高兴地邀请他，如果方便可到我们的饭店去做客，隔菜不隔行吗！

见我们个个是诚心诚意，王师傅二话没说便痛快地答应了下来。

见王师傅是个心直口快的人，我们也就不那么见外了。连忙向他请教这"百代鸡"的相关常识。虽然我们几个在行内都工作了几十年之久，但不瞒你说，对这"百代鸡"，还真是头一次听说。

听我们这么一讲，王师傅深深地吸了两口烟，稍加思索对我们讲了起来："说起这百代鸡，可算得是我们正宗的杭州本帮名菜了。它的制作历史可以追朔到南宋时期。"噢！原来这小小的一只鸡，其制作年头儿居然能有这么久，真是大大出乎我们的意料！

见我们面露惊讶之情，王师傅一板一眼地对我们讲道："大家都知道，当年的宋朝可谓是多灾多难，被番邦侵扰得连国都都南迁杭州了，也就是我们所常讲的南宋时期。"

王师傅接着又说道：话说这一天，正值皇太后的寿诞之日，珍馐美味数不胜数，那奢华气派可想而知。太后眼前的席面更是丰富，很多菜连碰都没碰就被冷冷地放在那里成了观赏品！

但你还别说，有一盘鸡肉还真得到了太后的青睐。那些近臣们一看，这盘鸡肉果然是制作得技高一筹。观其色红亮怡人，闻其香沁人心脾，看其型全无呆板之象，只是味道他们是不会知道的。因为在那礼教森严的封建时代，不经赏赐，大臣们是不可能吃到君席之菜的。但他们从皇太后那满意的表情之中，也会猜想这味道肯定错不了。何况太后还连声夸赞"这鸡炖得烂，这味调得香"呢。谁知吃着吃着，这位皇太后忽然问道："这道菜叫什么名字呀？"你还别说，这一问还真把大臣们问住了，大家面面相觑，一时还真答不上来。就这样沉默了大约二三十秒钟，一位聪明的大臣灵机一动，回答道："这道菜是专为给您老人家贺寿而制作的'百代鸡'！""百代鸡"，皇太后一听，直笑得是两眼眯成了一条线，"好！这个菜名取得好，很称我意。"于是当场赏了那位大臣和做这百代鸡的御厨。

打这儿以后，这"百代鸡"就成了南宋王朝达官显贵们寿宴所必不可少的吉祥名菜。没过多久，这道颇有些传奇色彩的百代鸡，就从宫中走到了民间。特别是杭州的餐饮企业，更是争相烹制这道百代鸡，并纷纷打出"正宗"的招牌，标榜是本店的"镇店"之菜！

讲到这儿，我们请王师傅稍加休息，但他兴致正浓，拿起筷子夹了一块鸡肉对我们说："这百代鸡制作起来的确很讲究。首先选料就非同一般，以一公斤之内的仔公鸡为佳，先要用十几种香料将其腌透，再用热油把其炸成枣红色，最后再放入香味极浓的卤汤中煨熟。既可冷食下酒，又可热吃佐餐。"说到此处，王师傅请我们品尝这冷吃的百代鸡。

你还别说，这百代鸡吃起来还真是风味十足。不仅肉烂，而且还有骨酥化渣之感，但又不失肉食所独有的劲道口感。再说那味道，鸡肉入口时咸味自然食出，但片刻之后，那浓郁的香气就会溢满唇齿之间，大有"吃鸡一口，味道三日不散"之感！

见我们个个吃得津津有味，王师傅也不由得开心地笑出了声："作为业内精英，你们能这么认可百代鸡，的确令我感到欣慰！"我们也热情地邀请他有时间到我们的饭店，来品尝我们的拿手好菜，来体验中国饮食文化的另一种感受！他右手一挥，爽快地答应了。

刘邦成就龟汁狗肉

在中国烹饪中，提起狗肉的制作，作为行内的一名川菜学做者笔者相信，各方菜系都有自己的拿手绝活，不然的话，在咱们历经数千载沉积的饮食文化中，就不会有那么多关于狗肉菜肴制作的轶闻趣谈了。

作为视味道为菜肴生命的四川菜，在漫长的司厨实践中，虽也烹制出了几款享誉烹坛，脍炙人口的狗肉大馔，但真要与那些"以烹狗肉见长"的其他方菜相比的话，笔者以为还是稍有逊色的。为什么这样讲呢？因为在他们那里，狗肉的烹食不但已形成了规模，更积淀成了一种狗肉美食文化。尤其这种规模和文化的传承又都是以古之名人为载体的，"名人吃狗肉"在这些方菜中起到了不可取代的广告效应。

本文中所讲的"龟汁狗肉"就是这类中华名菜中的杰出代表。

但凡通晓中国历史的人都知道，汉高祖刘邦在与楚霸王项羽争夺天下的过程中，多亏身旁那些文臣武将才取得成功。咱要讲的这"龟汁狗肉"，据说就是刘邦手下一位有名的上将军樊哙首创的。

据说樊哙在没有吃粮当兵以前，在江苏的沛县县城就是以"屠狗"和

"制作狗肉菜"为生的。他不仅屠狗技术一流，烹调狗肉菜也是行家里手，凡是吃过他做的狗肉菜的人，都会向他伸出拇指夸赞！

然而，在这些常来吃狗肉的人中，有一个年轻的后生（刘邦）总是"光吃狗肉不给钱"，但他每次都会赞不绝口，这就引起了樊老板的注意。

噢！原来是个"白吃猴儿"呀！这可不行，我这小本儿生意怎经得起这个吃法呢！但又不好明说，于是他就采取了"挪摊搬家"的方法，把这屠狗店搬到了河对过儿，想这回看你如何再进得我这店里白吃狗肉！

话说这一日时近中午，这位"白吃先生"又来到原来的樊氏屠狗店前，发现已是人走门关。嘿！真是没想到，这狗肉店居然还会搬家！他举目张望起来，你猜怎么着，那飘来飘去的"店幌"一下就被他看到了。真是的，这樊老板真不够朋友，这肉店搬家怎么连个招呼都不打呢？这过河也不是那样方便的，看来今天这顿美味的狗肉恐怕是吃不上了。

正当他无可奈何之时，忽然河北有一只硕大的乌龟向他这边游过来。嘿！莫非这是天意，它知道我想过河？于是刘邦就坐在乌龟的背上四平八稳地渡河来到了河对岸，他一边向这乌龟道谢，一边又迫不及待地迈开大步朝这樊氏狗肉店而来。

"樊大哥，小弟给您道这搬家之喜来了！"

听到刘邦的这句问候，这位樊老板真是哑巴吃黄连有苦说不出。只得苦笑着招呼他前来吃这免费的狗肉。

他是怎么过河的呢？怎么连衣服都不曾打湿呢？于是，樊哙就留心观察了一下，噢！他终于弄明白了，原来是河中老龟背他过河。一怒之下，他就把老龟捉来杀掉了，更有新鲜的，他竟把"狗肉"和"龟肉"搁一个锅里炖了起来。嘿！你猜怎么着，真是歪打正着，那锅中飘出的香味更浓了，引来许多过路的人。

樊大厨见此情景更是喜出望外。打这儿以后，沛县城开了独此一家的"樊氏龟汁狗肉店"，那生意是相当的红火！

生意火了，那钱也就越挣越多，但这位表面粗鲁，却心地善良的樊大哥，几天不见那刘邦老弟来吃狗肉，忽然醒悟过来，噢，龟让我给杀了，他过不了河了！但吃水怎能忘了打井人呢？没有刘邦老弟的那只老龟，哪有我这"龟汁狗肉"呀！想到这里，他就特意把刘邦接到河的对岸，并让他住在了自己的肉店旁。两人就此结下了生死之交，最终共建了这大汉基业！

唐太宗成就羊肉烩面

作为一种面食，羊肉烩面虽然没有像担担面、刀削面、炸酱面、热干面那样家喻户晓、驰名海内外，但据内行人讲，它在咱们中国人的记忆中，特别是在地处华夏腹地的河南陕西一带，它的制作历史要远远早于担担面等面食。

据史料记载，敢情这羊肉烩面与唐太宗李世民还有一段缘分呢。故事发生在唐朝开国之初，当时的太宗皇帝还只是个秦王。话说这一日，秦王亲统大军攻打王世充来到了洛阳城下，因连日行军困顿劳乏而不幸病倒。虽有随军医生精心调治，但总觉四肢无力而不能理事。这下儿可急坏了军师、大帅一干人等。

话说这天傍晚，一位将军领来了一位当地的农家妇女，说是在此地，可通过吃烩面使人发汗来治病。军师一听，心想即便农妇说的话不那么灵验，但吃一顿烩面终究是有益无害。

于是，就下令让农妇做烩面给秦王吃。农妇问军中是否有现成的生肉。士卒回答有已煮至断生的鹿肉，其他肉也就没有了。

只听农妇说道："这鹿肉倒也不错！"只见她又是切肉又是做面，前前后后忙活了好半天，终于，一碗"宽汤汁红，肉香扑面"的烩面做出来了。又洒上了几滴香油，嘿！那面闻起来真是打鼻儿香。再加上肉中那几根碧绿的葱段这么一衬托，这面不要说吃，香都能把你香一个跟头！

再说咱们这位军中统帅，一见士卒端进这碗面来，不由得精神一振，不由分说双手就把面端在了手中，试着吃了一口。你还别说，该着这位农妇露脸，这味道正合秦王的口味。一转眼工夫，这碗鹿肉烩面就被未来的太宗皇帝吃了个精光。又盖上被子美美地睡了一觉儿。唉！立时就觉着全身轻松了许多，且精神头也足了起来。军师等众人一看，都觉着这烩面起了作用。于是，征得秦王的同意，又留农妇在这军中做了几日烩面。果然不负众望，三日过后，秦王身体完全康复，不住地向农妇道谢并重赏了她这救驾之功。此后没过多久就攻克了洛阳，得胜返回了长安！

转眼高祖退位，这位秦王龙登大宝做了皇帝。

当皇帝每天面对御膳房做出的佳肴美味时，胃口有时并不太好。话说这一日，皇帝又想起了当年在洛阳城下吃的那碗鹿肉烩面，于是就传旨御膳房如此这般制作起来。可惜，这御厨做出的烩面还真不对太宗的口味。几经试做，皇上始终觉得不是原来那味道。

为了以饱皇上的口福，军师等又派人专程来到洛阳城下寻找那位农妇，不几日便找到了。听完来意，农妇乐了："少放肉少放油，保准皇帝还是爱吃这烩面的！"

来人听了还是不放心，非请她亲自到长安做烩面给当今圣上享用。农妇无奈，只得从命。

再说这位奉旨而来的农妇，进得御膳房，把当年的鹿肉换成了更加平和的羊肉，而且适当减少了用量，添加了一些时令佳蔬，更是少放了些油，又用鸡汤取代了那时的开水。

果然事如所愿，太宗皇帝吃完这碗"羊肉烩面"连声夸好并又下旨把这位农妇封为御厨，留在御膳房当差主做这"羊肉烩面"。打这以后，"羊肉烩面"因大唐皇帝的褒奖而名扬长安，不久在周边区域，特别是在它的发祥地河南，更是达到了以食"羊肉烩面"为一大快事的程度！

　　历史走过了近千年的历程，朝代虽有更迭，但作为文化之一部分的中华美食，却实实在在地积淀了下来，羊肉烩面就不失为其中的优秀代表！

赵匡胤登大宝喜封大救驾

"大救驾"作为皇味十足的地方风味小吃（不是吗，在这么多的中华美食中，由皇帝钦封名字的又能有几个呢），在 20 世纪 70 年代初我刚参加工作时就听我们厨训班的老师讲过。但由于那时笔者对这一行业的全然不知，也分不清哪是炒菜哪又是小吃，所以，在我当年的意识里，总认为这"大救驾"得是多么的高不可攀呢！当我在西城区烹协遇到一位正宗安徽菜的大厨时，才算彻底知道了这"大救驾"的庐山真貌。噢！原来它就是制作于安徽本地的一款甜点，只不过是用料考究，制作工艺精细而已。你要说它有多么了不起，其实那也不见得。

看到这儿，也许你会说了，要是没有什么特殊的口味与口感，怎么会连大宋的开国皇帝都要亲口加封它呢？唉！还别说，你问的真是有道理。赵匡胤在当皇帝之前不知吃了多少种小吃点心，但为什么单单只封这道点心为"大救驾"呢？这里还真有一段鲜为人知的故事呢！听那位安徽大厨跟我讲，赵匡胤还未建立宋王朝，身为大将军之时，率领后周大军与南唐官军在今安徽省的寿县展开了一场旷日持久的攻城大战。据史料记载，这场大战打了七八个月之久才分出胜负。以赵匡胤为大帅的后周大军彻底从南唐官军手中夺回了寿县。但由于长期征战，作为主帅的赵匡胤身体撑不住了，每天高烧不退，而且不思饮食，连随军医生都束手无策。后周大军上上下下都慌了神儿。

唉！你还别说，这军中还真出了一位口称有回天之术的人，他就是军中专门打理大帅伙食的一位随军厨师。由于长期不离将军左右，所以对他的饮食习惯早已是心中有数！

话说这一日，这位颇有心计的业内前辈，以猪油、面粉、白糖、橘饼、核桃仁、芝麻和当时特有的鲜桂花为原料，做了这么一款既甘香可口，又不腻人"甜酥饼"端到了大帅床榻之前。

据说当时大帅正在闭目养神，忽被一阵桂花的香气引得睁开了双眼，转过脸来一看，见是厨人手端点心站在床前。随便问了一句"你做的这是什么呀？"

见此情形，这位机灵的厨师轻声回道："大帅，我用鲜桂花特意给您做了这道点心，请您趁热吃了吧！"

用鲜桂花做的点心？这在以前还真没听说过。这位嘴馋的军中大帅还真的坐了起来。用手接过点心轻咬一口，嘿！那桂花的香味就别提多好闻了，再加上那甘甜的味道和酥不粘牙的口感，不由得使这位无精打采的后周大将军精神为之一振。他是吃了一口又一口，吃完一块又一块。连续吃了这么三四块点心，立时就打起了精神，并在帐中走动起来。

见这点心对大帅病体有如此之功效（倒不如说是将军的食欲被调动了起来），这位大厨接连又做了好几次，将军的身体很快恢复如初，又能亲统大军开始征战了。经过全军上下的共同奋斗，南唐终告失败，而这大宋皇朝也由此开了基业！

然而，这位荣登大宝的宋朝开国皇帝，并未完全忘记当年一同打江山的那些功臣，特别是那位制作桂花点心救驾有功的厨师。于是在一次早朝上钦封这道点心为"大救驾"，那位厨师也晋升为御厨！

也就是从这儿以后，这"大救驾"可就在大宋皇宫中红火起来了。每当皇家大宴，它都理所当然地被当作第一道宫中御点。

也不知打什么时候起，这皇家御用的"大救驾"也从红墙黄瓦的宫中传到了咱这平民百姓之中。虽历经千载，但那味道和口感始终没有什么明显的改变！在正宗的徽菜馆中，今天仍可品尝到这千年以前的御点！

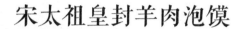

宋太祖皇封羊肉泡馍

作为行内人，羊肉泡馍的大名我早就听说过，但亲口吃上这么一顿，还是在参加当年西城区烹协"名优小吃鉴定会"上的事情了。

记得那是 20 世纪 80 年代中期的事儿了。作为四川饭店的名厨，我虽然不懂北京小吃，但烹协还是聘我当了那次名优小吃鉴定会的评委，使我有幸品尝了那么多的老北京风味小吃。客观地讲，作为小吃，羊肉泡馍在诸多的京城小吃中，其实也只能算是"小字辈"。

我听别的老师傅对我讲过，羊肉泡馍原产西北，更以西安所作为正宗。只是后来在咱这北京开了字号，打那儿咱北京才有了羊肉泡馍，尤以新街口的西安饭庄所做最为纯正地道！

我还清楚地记得，那次西安饭庄就是拿"羊肉泡馍"来参加鉴定会的。您还别说，当一碗碗（当然是小碗了）制作精细的羊肉泡馍端到我们评委面前时，着实把我给镇住了。那薄如纸片的羊肉，大小均匀却又劲道可口的馍块，加上鲜香可口的汤汁，再配上一点油泼辣椒，数味合一吃到口中，嘿！那个好吃劲儿可就别提了，用制作这泡馍师傅的话讲就是，保准是让你吃了这碗想下碗，吃了这顿想下顿！

　　待得到评委的一致好评后，那位泡馍师傅在我们的邀请下，热情地给我们介绍了这西安"羊肉泡馍"背后的趣闻轶事，至今回味起来，都会使我有受益匪浅之感！

　　据他讲，这羊肉泡馍和宋太祖有关。话说当时尚在青年的大宋朝开国皇帝赵匡胤，与同伴们流落到长安城来讨生活。由于一时找不着合适的活来干，没过几天身上的银钱可就所剩无几了。这一天他们又来到雁塔附近找活干，时至中午，连早饭都没舍得吃的他们一行，可以说是个个饿得头晕眼花，有的干脆蹲在地上就不想起身再走了。胸怀大志的赵匡胤，一看大家这样下去也不是个办法，于是就让大家把身上所有能吃的东西都拿出来，看能不能集中起来给大家做顿"饱饭"吃！嘿，你还别说，经过几个人的七拼八凑，最后总算还有几块干得都裂开口子的"干馍"。面对这干馍，年轻人不禁犯了愁，这也没办法吃呀！正在犯愁，忽然被迎面飘来的煮羊肉香味所吸引。好香啊！噢！原来在前面不远处，正有一个店家在煮羊肉。

　　羊肉虽好，但没钱人家是不会白让你吃的！赵匡胤心想，能不能只讨一些羊肉汤，泡这干馍来吃呢？世间还是好人多，应该不成问题。想到这儿，他从同伴手中拿过一个大号的粗瓷盆，把已经干裂的馍放入盆中，忐忑不安地来到这羊肉锅旁，向老板说明来意。你还别说，这位老板上下打量了他一阵后，就善心大发，不仅在他们的盆中盛满了羊肉汤，而且还告诉他们，今后还可以每天到他这儿来用这羊汤泡干馍吃！

　　这老板哪里会知道，他用羊汤接济的这几个年轻人，后来居然做出惊天伟业！特别是伸盆向他亲口讨羊汤的年轻后生，后来竟成了大宋王朝的开国太祖。

　　话说这一日，昔日的讨饭青年，如今的皇帝赵匡胤西巡来到这长安地界儿。当君臣一行来到这雁塔附近时，皇上心中不由得又想起了当年他们在此讨吃羊汤的情景。于是，便又寻迹来到这家羊汤馆前（时过境迁，昔日街中的羊汤馆，如今也坐店经营了），破例传了一个"请"字，叫老板重新做这"羊汤泡馍"（其实人家一开始卖的就是羊肉泡馍，你当年白吃那也只好是羊汤泡馍了），并赏赐同来的大臣们一同享用。

这位在皇宫每餐吃惯了珍馐佳肴的皇帝陛下，那天突然再次吃上这么一碗羊肉泡馍（已不是当年的羊汤泡馍了），嘿，你猜怎么着，那叫一个香！连声夸赞还如从前那样好吃！但这位皇上转念一想，如果这羊肉泡馍还在长安，而朕远在开封，那又如何来保障我想吃就能吃到这羊肉泡馍呢？唉，倒不如封他们为御厨随朕一同回宫岂不更好。于是就传旨封羊肉泡馍为御膳，老板随驾到开封！

这羊肉泡馍店的老板连忙跪地谢恩。那碗当年的羊肉汤真是没白给呀！早知这样，当年我应该往汤中放些羊肉才是。

后来北宋南迁临安时，趁着慌乱，御膳房做羊肉泡馍的师傅由于故土难离，就趁机离开了御膳房而回到了长安。这才使得这道有浓郁西北民族风味的"羊肉泡馍"终能落户于西安！

后来笔者还听说，敬爱的周总理在西安还亲自用这羊肉泡馍招待过来华访问的尼泊尔等国的外宾呢。特别是毛主席还曾亲自到位于新街口大街的西安饭庄品尝过羊肉泡馍呢！

故事听到这里，你不想亲自吃上一碗这正宗地道的羊肉泡馍吗？

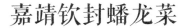

嘉靖钦封蟠龙菜

　　纵观华夏名菜之成因，可以得出这样一个结论，这就是菜是被"吃"出名的，而不是被厨师们做出名的！

　　笔者在主学川菜之余，对于其他的方菜也进行了旁通式的了解，在这一漫长的过程中，我深深体会到，我们的许多名菜，特别是四大菜系之外的地方菜系中，这种现象好像更加明显！如本文中所要讲的湖北名菜"蟠龙菜"就是这类名菜中的典型代表。

　　不是吗？如果你是内行的话，你准会说："不就是普通的蒸鱼肉蛋卷吗！"但如果是外行或是根本就未曾吃过这个菜，那笔者保你准被这"蟠龙菜"三个字给唬住了。你想啊，能和龙扯上关系的菜，能不高档豪华吗！那作为川菜技师的笔者，又是如何知道这蟠龙菜底细的呢？这话说起来也有些年头儿了。记得那是笔者在厦门主厨期间，所结交的一位湖北菜师傅对我讲的。

　　因为当年在我工作的信达大酒店不远处，就有一家专做荆州菜的大酒楼。因我所工作的酒店厨房正处在筹建中，所以不免要时常在外就餐。因湖北菜较合我的口味，所以一般的工作餐我差不多都是在这儿吃的。

吃着吃着，就和这里的一位师傅混熟了。听说我是来自北京的川菜大厨，并且还要在离他们不远的信达大酒店做主厨，所以每次我去用餐，他都显得格外热情。

记得那一次，我和信达大酒店的三位同事又一次相约来到他们这儿用餐。在点菜的时候，那位来自安徽的餐饮部采购员（别看是采购，可那是一位双学历的采购呀！）出于好奇点了一道"蟠龙菜"。说实在的，当时我也被这三个字给唬住了，不知这蟠龙菜到底是什么！

但当这让我想了老半天的蟠龙菜端上来以后，我们几个人都愣住了，特别是点此菜的那位双学历采购员，用筷子指着"蟠龙菜"对我说：刘大厨，这中餐的菜名怎么这么有意思呢？明明是鸡蛋卷，为什么非得写成"蟠龙菜"呢？对此我是毫无思想准备，所以一时也不知如何回答。但还是我这个内行打了一个圆场："咱们呀，先不管它因何叫蟠龙菜，先尝尝它好吃不好吃才是真的！"话音刚落，我们就三下五除二地把这"蟠龙菜"分别夹到了各自碟中，放入口中一吃，的的确确就是蛋卷。但你别说，那口感和味道确实有些不俗，还真称得上是一道"风味菜"。

待我们差不多都吃饱以后，我对他们说："你们不是想知道这蛋卷为什么被叫作'蟠龙菜'吗，现在我就请老师傅给咱们讲个清楚。"说着，我就来到他们厨房的门口儿，把我那位认识已有十几天的湖北菜同行给请了出来。听我说明来意后，没想到他竟哈哈大笑起来："唉呀！你们可真能叫真儿。"我忙说："不是说非要刨这个根儿问这个底儿，我是想，如果这个菜真的挺有意思，那可以移植到信达大酒店，那该有多好呀！"

听我这么一讲，他也显得认真起来："没有问题，只要你们有兴趣，我会尽力帮忙。"说着随我来到了餐桌前。我连忙给他倒了一杯厦门冰啤。他也没有客气，几口就喝干了，笑着对我表示了感谢，然后就慢声细语地对我们讲了起来。

提起这"蟠龙菜"在湖北菜中的制作，不瞒刘师傅你们几位讲，离现在起码也有几百年的历史了。听老人们讲，那还是在大明朝的正德年间，这位正德皇帝是久病不愈。话说这一天，皇上的头脑清醒起来，知道自己来日不长，于是就想起了这身后事。因为正德皇帝无子，让谁继位就成了大问题。经过深思熟虑，正德皇帝心中有了主意。于是传诏身在京城以外的亲近宗室，自接旨之日起同时返京，先进京者为君可登大宝。

诸位请想，在正德皇帝生病的这段时间里，身在外地的宗室，哪个不是费尽心思在谋划，谁在京城没有耳目？所以，圣旨还没送到，他们就已经知晓了消息，早都做好了进京的准备。

话说其中的一位叔伯兄弟朱厚熜，平常就以工于心计善于谋划而著称。平日在府中就聚集了许多高参为其筹划大业。单说他们得到这个进京的消息后，那真是集思广益。最后想出了一个完全出人意料的绝佳之策。为了避免沿途的无聊应酬耽误时间，他们竟别出心裁地让朱厚熜佯装罪犯而被"押解"进京。这样就可以直接，甚至日夜兼程地赶往京城了。因为在那个年头，地方官员对于一个押解进京的犯罪之人是无论如何也不会迎来送往的！

为了他们的主子能在这特殊的旅程中饮食不缺营养，府中厨师更是想了一个绝妙的好方法，这就是把鱼肉和猪肉剁细，裹上蛋皮蒸成蛋卷，并放在这位皇侄的嘴边，好让他随时能够获得营养。

你还别说，在大家的共同努力下，朱厚熜还真就第一个赶到了京城，如愿以尝地继承了皇位，成了大明的嘉靖皇帝。

吃水不忘挖井人，这位嘉靖皇爷在高兴之余静下心来一想，就想起了进京之时那有意思的吃食。心中在想，朕之所以能登大宝，这吃食是功不可没呀！

于是，就传旨召见了那位大厨，问他当年做的那是什么吃食。

听当今圣上这么一问，这位颇有心计的大厨突然想起那蛋卷色黄如龙，且又曾放在皇上的嘴边儿，于是就随口说出了"蟠龙"两个字。

听他这么一讲，皇帝也觉着是这么回事儿，于是就亲口加封它为"蟠龙菜"吧！

打这儿以后，这皇气十足的蟠龙菜就正式取代了蛋卷而在宫中红火了起来。后来，蟠龙菜也走出皇宫来到民间，特别是得到了荆楚大地厨师的传承和改进，最终定格为今天大家所见到的样子。

听完他的讲述，作为同行，我深感这顿饭吃得价超所值！待我所在的酒店开业不久，就把它稍加改进，做成了具有川菜风味风格的"鱼香蟠龙卷"了。

乾隆访江南鱼头豆腐鲜

　　北京四川饭店，作为北京首屈一指的川菜名店，在半个多世纪的经营活动中，不知烹制出了多少脍炙人口、风格独具的美味川菜。本文所要介绍的"鱼头豆腐"就是这众多名菜中的优秀代表。作为 1973 年饭店重张开业就进店工作的一名技师，笔者清楚地记得，每当饭店有中档宴请时，只要原料准备许可，我的恩师国宝级川菜大师陈松如先生，每每在开列菜单时，都要列上"鱼头豆腐"或是"鱼烧豆腐"。

　　不谦虚地讲，四川饭店可以说是把这两款菜做到了极致！凡是品吃过这两个菜的食客，没有说不好吃的，无不为其通红的颜色，浓重的香气，咸鲜微辣的味道，生动活泼的型状，恰到好处的营养搭配拍案叫绝！

　　在师傅的悉心教导下，作为当年北京市第一服务局厨训班学员的笔者，也早就较为理想地掌握了这两道菜的制作方法。师傅见我对这两道菜已经做到了"让他放心"的质量，所以只要有可能，他都会满怀喜悦地开上这两道菜让我（们）练手！而且更使我终生难忘的是，老人家在一次切配"鱼头豆腐"这个菜时，还对我（们）讲了川菜中制作这道菜的始末缘由。使我们这些后来者，对于这样一款有着深刻饮食文化内涵的名馔佳肴，更是充满了敬畏之感（何谓烹调制菜中的敬畏之感，笔者的体会是，对于那些有着悠久制作历史的名馔大菜，一般厨艺水平的厨师，你是不能轻易动刀动锅的，因为这样会明显降低它的食用价值，名菜之名也就不存在了。而我们现在的厨师中，已经差不多完全失去了这种对名菜的敬畏之感）。

时隔几十年，老人已仙逝，但当年他向我们讲述这些饮食文化的情景我都能清晰地回想起来。

那是一天上午快下班的时候，我在炉灶这边，见师傅正在切配"鱼头豆腐"，那个认真劲儿，说句心里话，至今我可能也都没有完全学过来。尤其是那"豆腐条"切的真是长短一致，薄厚均匀，见棱见角。还有那葱姜蒜切的，那真是粒是粒，末是末（现在我们的厨师中，又有几人还会合理使用葱姜蒜呢？端上桌的菜肴中，你还能找得到葱姜蒜吗？），而且更是用量足（正宗的川菜制作，那是非常讲究葱姜蒜用量的，否则，味道是出不来的）。不客气地讲，仅就老人家配菜时的这认真劲儿，就够我们这些后来者学一辈子！

老人家边操做边对我们说："提起咱们川菜中的'鱼头豆腐'和'鱼烧豆腐'这两道鱼菜，这历史还真有点长了。据前辈们讲（起码也应是师傅的师傅了），大约应是在清末民初之时，由清宫御厨带到成都的。"

什么，原来这鱼头豆腐是来自清宫御膳房呀！听到这儿，我们几个更是来了精神头儿，个个竖起了耳朵，伸着脖子静静地继续听。

据说这鱼头豆腐，还是乾隆皇帝带到宫中的呢。

想当年，这位乾隆帝也不知是为了什么，不辞辛苦多次下江南微服私访。话说这一日，乾隆帝竟一个人微服来到杭州城外游玩（随从肯定是在不远处相随，不可能让皇上一人独行），立时就被这里的自然风光所陶醉，玩着玩着可就忘了吃饭时间。这会儿老天爷也来凑热闹，忽然下起小雨来。这下儿大清天子可狼狈了，连挨饿带雨浇，匆匆忙忙沿着山路往下走。唉，你还别说，往前没走多远，就见前面的路边有两间茅屋。乾隆看到了希望，三步并做两步来到这茅屋前。情急之中连门也忘了敲，一头就闯了进来，四周这么一望，原来是一家小吃店。但已过了午饭时间，屋内此时已空无一人。

再说这店中的老板，正在隔壁的厨房干活，忽听这正屋中冒冒失失地闯进一人，于是满脸不快地推门走了出来。仔细一打量，来人虽被浇了个落汤鸡，可难掩非凡的气质，于是，未曾开口已有三分敬意，以他那生意人特有的笑脸，询问乾隆爷是打哪来，有什么事情需要帮忙。

一听说这位是要吃饭，他还真犯了难，因为他这小店本钱小，不可能准备那么多饭菜，这会儿过了饭口，上午的吃食早卖光了。但又见来人不像凡人，不好得罪，于是这位店老板还是硬着头皮回到厨房仔细地寻找起来。

找着找着，唉，你还别说，柜子上面还真有一只上午剩下的鲢鱼头。这下可乐坏了他。在挪动水盆时，又见里面还有一块豆腐。这不就更好了吗！于是老板亲自下厨，不一会儿就用这两样原料红烧了一盘"鱼头豆腐"。可能是真饿了，这大清皇帝不由分说，一会儿工夫就吃了半盘儿还要多的鱼头豆腐，吃差不多了，这才抬起头对老板说："好吃的鱼头，更香的是豆腐！"

话说乾隆爷在杭州玩了几天以后，便率随从回京了，又继续过他那吃一看二眼观三的帝王生活了。可时间不长，这位吃尽穿绝的大清天子，突然又想起了在杭州郊外下雨天吃的那顿"鱼头豆腐"，觉得那才是人间最好吃的东西。于是传旨御膳房，让他们仿制这"鱼头豆腐"。

御厨们接到皇上的圣旨后，虽说是不敢怠慢，但也并没有太重视。因为这道菜，在他们看来就是小菜一碟。

但谁都没想到，皇上吃了他们做的"鱼头豆腐"之后，给了三个字的评价，这就是"不好吃！"

见圣上不满意，御膳房这才重视起来特别指派厨技最好的一位老御厨来烧这道"鱼头豆腐"。但完全出乎他们意料的是，这回皇上给了四个字批文——"更不好吃！"

唉，这是怎么回事儿呢？一时间这御厨中竟没人敢再做这道"鱼头豆腐"了。还是御膳总管有心计，连忙把此事对刘墉讲了。这位汉中堂只是略施小计，就从杭州郊区请来了那位给乾隆雨天做"鱼头豆腐"的小店老板。

　　果然，吃过小店老板做的"鱼头豆腐"以后，皇上龙颜大悦，不仅连夸好吃，而且还亲自召见了这位店老板，先是赏了银两，再就是钦封他为御厨留在宫中当差！

　　打这儿以后，这"鱼头豆腐"就成了清宫一道深受喜爱的名菜。

　　师傅讲到这里，双手一摊对我们说："那这道清宫御膳，为什么后来成了咱们川菜的一道名菜了呢？其实原因也还算简单。清朝灭亡后，宫中御厨也就流失到了全国各地，所以这道'鱼头豆腐'也被他们带到了成都。听前辈们讲，当年此菜刚在成都一露面，就引起了不小的动静儿。特别是那些美食家们，更是以能吃到这'鱼头豆腐'为一大快事！"

　　见我们听得这么入神，老人脸上露出了满意的神情。历经这么长时间，经过这么多名厨的传承和改进，特别是又以川菜独有的家常味进行调制，所以才达到今天脍炙人口、百食不厌的程度！

　　听完老人的讲述，我们几个年轻厨师都显得特别激动，心中暗暗鼓了一把劲儿，师傅您就放心吧，我们会把这两道（鱼头豆腐在饭店多被做成鱼烧豆腐）饭店特有的名馔佳肴制作手艺学到手，并尽可能不打折扣地传承下去！

第四章 名菜成因之奇谈

如果你细细品味的话，就不难发现，中餐名菜之成因，其实是多种多样的。有的是人为，有的纯属偶然，甚至充满了传奇色彩。

急中生智砍出刀削面

　　说起笔者知晓这刀削面制作始末的话题，距今已经有二十几个年头了。那还是我在大同海通大酒店任职期间，我在当地一位同事的陪同下，来当地最有名的"东关削面馆"品尝刀削面。

　　不瞒你说，在来大同工作之前，我还真没吃过一次刀削面呢。所以这次来大同主厨，我是一定要品味一下这源自本乡本土、原汁原味的刀削面的！

　　也许随我来的这位师傅，同削面馆的厨师认识，所以当我们一进餐厅，迎面就来了一位师傅主动和我们打起招呼来。

　　听完对我的介绍，削面师傅显得格外热情。不用我要求，他就主动地向我介绍起这刀削面的身世来。

　　说起这刀削面的制作，距咱们今天差不多有七八百年的历史了。话说自大宋灭亡，建立元朝以来，中原地区的老百姓可真是遭老罪了。别的不说，单这"十家用一把菜刀"的规定就给人民生活带来极大不便，但作为手无寸铁的普通百姓，又有什么办法呢？

　　话说当年在介休县城的北关，住着一家老两口儿。因儿女都在外挣生活，所以家中只剩下这二老苦熬时光。

单说这一天上午，老太太把家中仅有的一点玉米面和荞麦面和成面团打算做一顿面条，让老头儿去"上家"取菜刀！

这位老大爷领命之后高高兴兴地朝邻居家走去（本来吗，难得吃上这么一顿面条）。待进得门来说明来意后，谁知邻居一愣，说菜刀还没轮到他家使用呢！

老大爷一听傻了眼，总不能再往那"上上家"去借菜刀吧，要知道，那可是要坏规矩的。

想到这些，老大爷生气地跺了跺脚，无精打彩地往家走。谁知走着走着，突然脚下被绊了一下儿，并且听到有铁器撞地的声响，连忙低头一看，嘿，原来是一块巴掌大的薄铁皮。想不到在这儿竟又见到"铁器"了，老人家如获至宝地把它捡起，用手擦了一个遍，就放进口袋儿里回家了。

此时，老太太在家早已做好了吃面的一切准备工作，水被烧得滚开，面团就放在案板上，就连那拌面的"浇头"也早已做好放入碗中了。这会儿正心急火燎地在门口远远张望。见老头儿快到家门口儿了，可没见他手中拿着那切面的菜刀。老太太有些着急了，没刀不能切面，吃不成面条倒不要紧，但这面团是不能"生放"至明天的，否则就要变味了。

这时，老大爷掏出铁片儿对老太太说，这不有"刀"了吗，你用它不就可以切面了吗！

老太太接过铁片儿左瞧瞧右看看，随口说道：这么厚的刃，怎么切呢？听老太太这么一抱怨，老大爷没好气地说："切不动，那你就用它来砍吗！"对呀，切不动，就砍吧！于是，她找来一块干净的木板，把面团放在上面，再用双手压紧放在锅边，真的用那铁片"一片一片"地砍起面条（不如说是片）来。你还别说，转眼间这块面全都被砍进了锅中。等这又宽又短的"面条"做得了，老大爷先盛上一碗尝了尝，唉，感觉还不错，尤其那筋道劲儿可是往常面条所没有的。大娘也试着吃了一口。嘿！你还别说，原来这砍出的面条，比那切面条一点都不难吃，要说那口感比切面还强呢！

话说这两位心地善良的老人，并没有独享这个专利，而是立马儿就把这砍面的制作技术说给了左邻右舍。没过多久，这附近的百姓都可以做砍面了，再也不会因没有菜刀而不能吃面条了。

后来，朱元璋北赶大元建立了大明王朝。这时老百姓们终于可以正常地使用菜刀了，但"砍面"以其特有的劲道劲儿依然受欢迎，不仅居家百姓自己砍，还有人做起这"砍面"生意。再后来，那"砍"字也不知是被哪位高人给改成了"削"字，你别说，这一个"削"字用得真是贴切！

听完这位师傅的生动讲述，我不禁感慨，是啊，咱们许多的传统名小吃，不都是劳动人民创制出来的吗！

见我听得如此认真，那位削面师傅笑着对我说：刘师傅，百听不如一见，百见不如一吃。过一会儿我就会让您尝一尝咱这山西独有的，大同地界儿的正宗正令的刀削面！

梁柱侯与佛山柱侯鸡

在多年做厨师考核评委工作中，我结识了一位与我工作资历和业务技术很是相近的京城广东菜名师。由于年龄相仿，我们很是谈得来。

有一次就说到了双方菜系对于鸡菜的制作上。他说广东菜中有一款"柱侯鸡"可以与川菜的"宫保鸡丁"相媲美。

在我的要求下，还给我讲了这"柱侯鸡"背后的故事。

据说二百年前，广东佛山庙会盛行。每当庙会举办之时，那真是商家云集人潮如织，饭店不论大小都是人满为患、供不应求，如果等到"饭口"再想起吃饭来，十有八九是要饿肚子的！单说这天又值庙会，地处闹市区的"味鲜居"酒楼，厨房中的吃食又是售卖一空。他们正打算关门休息，谁曾想这时匆匆忙忙闯进来两位四十上下的壮年汉子，屁股还没坐到凳子上，就张口喊伙计点菜。

面对这突如其来的两位吃客，老板真是哭笑不得，连忙向前解释。两壮汉一听没饭可吃，那火气可就上来了，朝着老板就是一顿雷烟火炮。说老板看不起他们这外地来客！老板正在无可奈何之时，忽听后院传来了咯咯的鸡叫声。他不由得眼前一亮，对呀，后院不是还有两只大公鸡吗，他们只有两个人，一只鸡也就够了。于是，他就笑着对那两个壮汉说：真是对不起，也只好给您做一只鸡菜啦！嘿，这两人一听，你猜怎么着，并不领情，反而说他俩平生就不爱吃鸡！

眼看双方为此就僵在这儿了，这时从后厨房走来了一位灶上师傅。大家一看，正是他们的头灶掌锅师傅梁柱侯。只见梁师傅满脸堆笑，不慌不忙地对他俩说道："二位老客先别生气，更别着急，我今天特意给您做个鸡菜，是我刚刚研制成功的。如果你们不满意，那您这饭钱我就给掏了！"

见梁师傅态度这么诚恳，俩人也只好答应下来。转眼工夫，那只引吭高歌的大公鸡，此时却赤条条地躺在了砧板上。手起刀落，整鸡被斩成了大块儿，放入开水中汆过，再放上本地特产的豉油和多种香料用砂锅烧至熟透，最后淋上上好的葱油端到客人面前。一是鸡肉口味真的很香，二是加上他们实在饿坏了，所以他们连夸好吃，转眼这一锅鸡肉就被他俩吃了个精光。等到他们吃饱喝足，这才向老板，特别是向梁师傅连声道谢，不仅照单付钱，而且还大方地给付了小费。

打这儿以后，梁师傅做的这道菜，就被冠上他的名字，叫"柱侯鸡"，没几天这个菜就卖出了名。再加上庙会食客本来就多，所以这柱侯鸡在这家酒楼一到过午你就甭想吃上了！

随着时间的推移，那位梁师柱侯先生也已仙逝。但是，他所留下的"柱侯鸡"这道名菜，不仅被原汁原味地传承了下来，而且又经历代名厨不断地精做提高，终于走出了佛山而成为广东菜的看家名馔！

诗仙亲烹太白鸭

　　四川饭店是党和国家领导人举行宴请活动的重要选地之一。自打它20世纪70年代初恢复营业以来，可以说制作出了许多道明显带有"四川饭店"印迹的川菜名馔。尤其是在首席大厨陈松如先生的主理下，很多具有悠久历史的川味名菜，都得以最佳效果呈现。

　　而作为它们的见证者，笔者那时虽然还很年轻，但对于那些"色、香、味、型"都达到极致水平的一道道名馔大菜，至今依然记忆犹新，太白鸭子就是其中的优秀代表。

　　记得那天早晨刚一上班，我就见到当天的宴会菜单中有一道名为"太白鸭子"的菜。唉！这道鸭菜还挺新鲜，太白鸭子，莫非真和我国唐代大诗人，有"诗仙"之称的李白有关系？正当我疑惑不解之时，陈松如大师（那才叫得上是名副其实的烹饪大师呢）来到了我的身旁，问我在看什么，我连忙回答："我正在看这太白鸭子呢，它和李白真的有关系吗？"

　　您还别说，真让我给猜对了，这款鸭菜不仅因诗人而得名，而且更是因其亲自下厨烹制而享盛名。

　　话说那是在唐朝的玄宗年间，正值诗人才华横溢并有意涉足仕途之时。李白虽奉旨来到长安，但始终未曾得到朝廷重用，每日里也无非是靠武文弄墨打发时光。但这样的闲日子又如何来展现诗人这满腔的报国之志呢！

　　后来李白打听到玄宗皇帝喜欢美食。李白茅塞顿开，自己不是有一手制作鸭子的好厨技吗，何不趁此时给这位嘴馋好吃的皇帝献上这一美味呢，说不定圣上吃得高兴就会委我以重任呢！

　　于是先到御膳总管那儿打了招呼（给圣上做菜，可不同于你我之间请客，不经批准是不能随意动刀动锅的），在得到允许后，他这才放心地动起手来。

　　只见这位诗人厨师三下五除二就把一只光溜溜的白条鸭剁成了核桃块，先出水再洗净，和适量的当归、枸杞子、党参，还有适量的其他调味品一同放入砂锅中，又注入了开水，然后小火慢慢炖了起来。

　　怕这鸭子好吃，而不够圣上一顿吃的，这位诗人又请一位御厨帮着包了十只"蔬菜汁和面"包成的青菠三鲜水饺（起码是一两不能低于五只，否则圣上会说你存心不让他吃饱）。

　　大约过了一个时辰的工夫，诗人揭开砂锅一看，鸭肉刚好烧烂。于是，他又用小勺打净浮油（那时我们的祖先是已经有了"少油"的保健意识了），调好口味，又把煮熟的水饺放了进去，怀着忐忑不安的心情，看着他"精心"制作的这道鸭菜被端出了御膳房，因为他也不知道这道菜给他带来的是福还是祸！

　　再说这位玄宗皇帝，一听说大诗人李白今天亲自下厨给他做了一道鸭子菜，心中不禁暗自高兴起来。您想啊，怀着愉悦的心情用膳，这饭菜能不好吃吗？

　　果然不出所料，这位大唐皇帝在吃了两块鸭肉以后，顿感细嫩醇香，又喝了两口汤汁，更是觉得鲜味异常。唉！怎么这里还有饺子呢？看来这外行就是做不了内行之事，这么好吃的鸭菜中怎么会放了饺子呢？一定是李白第一次给朕做这御膳，心中发慌而错放了的！于是，他就准备把这鸭子推至一旁而吃别的菜了。但他还是被那小巧玲珑的饺子把馋虫给钩了上来，伸出筷子夹了两只吃了起来。唉呀！怎么今天这饺子的味道这么香呀？您猜怎么着，只见这位大唐天子此时也顾不得往日那些礼节了，一手把这鸭菜挪了过来，一转眼工夫就把这一碗的鸭菜吃了个一干二净，并且还不住地连声夸奖"好鸭好饺好汤汁"，怎么以前这御膳房中就不给朕做来一吃呢？想着想着，就又想到了这位诗人身上，于是就传旨李白来见。

李白一听皇上召见，连忙整理了一下行头（仪表仪容总是要讲的，特别是见皇上更是应该如此）随太监来到了餐厅，连忙下跪施了君臣大礼。

玄宗叫他抬起头来回话。"这道鸭菜是你亲手做的吗？""正是。是臣的老家很受人们喜爱的一款鸭菜。""那它叫什么名字呢？"

"回圣上，时至今日，人们只知道会做且又好吃，还未曾取一个正式的菜名。"

噢！玄宗听到这里，不由得是龙眉稍皱，又低头看了看这位太白大诗人，于是就朗声说到："那就叫太白鸭子吧！"

您还别说，诗人的这款"太白鸭子"还真没白做，没过几天，玄宗就传旨李白补缺到文修院上班了。

虽说这编修差事并未令诗人十分满意，但较已往的修词作诗也是风光了许多，起码是与朝中政事挂上了边。此时他更是感谢这道给他带来好运气的太白鸭子。据说打这儿以后，诗人时不时地就会亲自下厨，熟悉一下儿这道美味鸭菜的制作技术。

听完老人家的讲述，我们几个年轻人不由得面面相觑，原来这一款太白鸭子还承载着这么厚重的饮食文化呢！

这时只见师傅已经把鸭块剁好，又去面点间吩咐他们准备这"青菠水饺"去了……

杜甫秘制五柳鱼

不知您注意过没有，在中国烹饪中虽有几十个方菜和十几大菜系，但真正能把"鱼"这种烹饪原料做成出类拔萃的水平的还真不多！依笔者一孔之见，唯川菜所做鱼馔最为著名！

不说别的鱼菜，仅就干烧鱼一菜来讲，其影响早就超越了川菜之范畴。那位说了，你说的那都是带有辣味的鱼菜，如果不放辣椒，你们川菜中做鱼还会那么拿手？这话你问得好，作为学做川菜已达四十三年之久的笔者，在这儿负责任地告诉你，离开了辣椒，没有了辣味，川菜厨师同样会把鱼菜做出彩儿，本文中要给你介绍的"五柳鱼"就是这其中的优秀代表。

五柳鱼在川菜中又称"糖醋五柳鱼"或是"鱼香五柳鱼"，为北京四川饭店的拿手名菜。

笔者对五柳鱼的制作之所以这么情有独钟，还要从 1973 年说起。那时我还不满二十岁，在北京市第一服务局厨训班（几十年以后的今天回过头来看，这个厨训班称得上是北京名厨之摇篮）刚毕业就被分配到了刚刚二次营业的四川饭店来工作。

在笔者的记忆中，刚重张开业的四川饭店，那每天的工作量真是太大了。人们好像又重新找到了一个在北京品尝川菜的极佳去处。党和国家领导人的宴请，再加上其他类型的大大小小的宴会，不提前一周预定那都会是没位子的！

再说我们那厨房，不管你是在哪一个岗位工作，只要是一进厨房，你就不要想得闲。就拿我们的炒菜厨师来说吧，炒得我们都不想往灶旁站了。好在我们当年都还很年轻，中午休息一会儿就能缓过乏来了，不然的话，还真吃不消呢！

也就是在此时，我每天都能见到砧板上的师傅们总在配一款叫"五柳鱼"的鱼菜。鱼的品种可不限（那年月北京的市场几乎是没有活鱼卖的，全都是冷冻品），倒是那"五柳"的切配，在我看来可是相当讲究。为什么这样讲呢？因为我发现，这五柳原料的切配，每每都是由当年笔者的恩师陈松如师傅亲自来执刀的。

我清楚地记得，上世纪 70 年代的陈松如师傅，也不过是五十刚出头的年龄，那个精神头儿，我们这些生龙火虎的年轻人有时都会自叹不如！

师傅每次在切五柳配料时，我都会站在旁边（老人当时并未知晓）认真地观看，十次观看得有八九次看入了神儿！老人家那个认真劲儿，已经完全印刻在了笔者的脑海里。特别是几十年以后的我，每当在切配五柳鱼时，师傅当年那情景好像就在眼前。那个亲切之感就别提了！要知道，这种感受在这个行业中，可不是每个人都有的。

慢慢地我就和师傅熟悉了起来（在我们这些年轻人的眼中老人一向可都是很严肃的），就某些技术问题也敢向师傅求教了。

见我对他切配的五柳鱼兴趣很浓，有时还会主动地与我谈起这个菜的制作要领，但都没有深谈。老人的心情其实我当时是很理解的。

说起老人向我介绍这五柳鱼制作始末的事儿，我清楚地记得，那是在一次我刚刚做好一盘五柳鱼时，师傅脸上露出了满意的表情。见我炒完最后一个菜（炒宴会菜时，师傅每每都是拿着筷子在旁边品尝的，作为徒弟的我，心里别提多踏实了），师傅说：其实这五柳鱼在咱们川菜中，一开始并不是由专业厨师做出的，你们猜一猜那应该是谁呢？"那还不好猜，不是专业厨师，那说不定又是出自哪一位美食家之手呢！"不知是谁嘴快，师傅刚说完他就开了腔。

见我们的回答不贴边儿，师傅笑着说到："这五柳鱼的发明制作者，那可不是你我这样的凡人，而是唐代有诗圣之称的杜甫老夫子！"

见我们脸上露出了惊讶之情，老人也立时收起了笑容。一板一眼地对我们讲了起来：想当年咱们这位诗人其实家境也不那么富裕。虽不能说是吃了这顿没那顿，但也要他亲自来操心这一日三餐。

单说这一段时间，诗人来到成都小住。你们想啊，一听说大诗人在此居住，那每天前来拜访的人能少得了吗。开始咱们这位诗人的钱袋还顶得住，但十多天以后，诗人的口袋可就见了底。话说这一天上午，又来了几位当地的诗坛好友与诗人吟诗作赋。谁知这一转眼就到了用午饭的时间，但这些客人却始终未见杜大诗人有所动作，心想莫不是先生在这生活上遇到了困难！其实还真让他们给猜对了，因为此时杜甫已经没有再招待他们用饭的银两了。

恰在此时，门外传来小贩卖鱼的喊叫声。见此情景，来客中有一位抢先说道："诸位稍候，待我前去买鱼，回来我等可一饱口福！"没过十分钟，这位老弟提回来三条欢蹦乱跳的白鲢鱼。杜甫一见这顿午饭有了着落，不觉手脚也勤快了起来。先收拾鱼，但发现若是红烧油又不够，于是便笑对大家说道："不如我们今天一改往日烧鱼之法，来吃一顿蒸鲢鱼吧！"但即使是蒸鱼，你也总要找些配料吧，否则那鱼也是没有味道的呀！

咱们这位杜大诗人把厨房找了个遍，还真不错，找了几只鲜尖椒和两根儿胡萝卜（你想啊，生活在成都，辣椒那断然是不可少的）及葱姜蒜（川菜历来讲究葱姜蒜的使用，即使在百姓家也是如此）。咱们这位杜大诗人的刀功也还说得过去，转眼间尖椒、胡萝卜被切成了丝，葱姜蒜被切成了细末。在这口味上是不是也应该浓厚一些呢，要知道，以清蒸鱼下饭那可是实实地不好吃的！

想到这儿，诗人又把调料找了个遍，总算还有些盐巴和少许的糖醋。这时他的心才算彻底踏实了下来。

这时，又有一位诗友买回了酒和包子。见还有酒可吃，咱们这位大诗人脸上立时也笑开了花。因为他的酒瘾虽然没有李白那样大，但如果条件允许，他也是喜欢每顿小酌两杯的。

待鱼蒸透，咱们这位诗人系上围腰，挽起袖口，把锅放在火上烧热，放了一点点的菜籽油，又把葱姜蒜、尖椒、胡萝卜放入了锅中，煸炒出了香味，添了少许的清水，又把白糖、醋等调料先后放入锅中烧开浇在了鱼上。

功夫不负有心人，这鱼你还别说，做得那个味你就别提多浓了。鱼还未入口，那难得一闻的鲜香气味就迎面飘过来了。美酒加鲜鱼，再配上朗朗的吟诗声，嘿！这顿饭真让这些诗坛好友吃得是不亦乐乎！更有那心直口快者把咱这位杜大诗人做的蒸鱼，命名为"五柳鱼"。

打这儿以后，这"五柳鱼"便成了这位诗圣招待诗坛好友的拿手好菜（名人做名菜，名菜名人吃，说实在的，这才算是真正的名菜呢）。

讲到这里，师傅稍有停顿，然后又微笑着对我们说："没过多久，这道杜氏五柳鱼便流传开来，很快就被成都的饭店酒楼学会了。后来又经历了这么多代的传承和改进，才使得五柳鱼的口味口感变成今天这样。"

听完师傅的讲述，我们个个是唏嘘不已，想不到这一道五柳鱼的背后，居然还有这么一段鲜为人知，且更是文气十足的轶闻掌故呢！也由此激发出我们这些后生晚辈对传统名菜的敬畏之情！

郑板桥最爱黄焖甲鱼

甲鱼，作为中餐特有的一道食材，想必大家都不会陌生。尤其是成菜以后，那独一无二的鲜香味道，更使其登上了中餐美馔之榜首！

只要是在稍微讲究一些的宴请，都不难发现甲鱼菜肴，尤以"黄焖甲鱼""清炖甲鱼"出场频次为最高。由于汤有腥气，很多人是吃不惯清炖甲鱼的，那咱就说说黄焖甲鱼。

听前辈师傅们说，不光我们今天喜欢吃这黄焖甲鱼，早在数百年前的清代，我国有些胆大的食客就开吃这道美味佳肴了。

在我国烹饪界，早就流传着一段郑板桥最爱吃"黄焖甲鱼"的佳话！提起扬州八怪之一的郑板桥，大家都知道他是一位才华横溢的大画家，尤善画竹，其实他还是位美食家，对中国的美食也是颇有研究的。

说起这板桥先生喜食黄焖甲鱼的故事，这话可就长了。话说这一年，他以七品县令的身份来到这潍县任职。一日，当地一位有名的士绅请这位县大老爷前去赴宴。酒过三巡菜过五味之后，这位善用心计的士绅先生发现知县大人好像对其中的一盘"黄焖甲鱼"特别感兴趣，在很短的时间内，他居然连着吃了好几块裙边！这位熟知官场场面的士绅，哪里会放过这"拍马"的好机会，于是又很自然地把这盘黄焖甲鱼特意往知县面前挪了挪。这一动作在那些老于世故的陪客面前怎能不被察觉呢！于是他们也就知趣地夹吃别的菜了。

郑大老爷吃得高兴，当场挥毫即兴画了一幅春竹，赠给了这位请客之人。众宾客齐声称赞这是一次难得的书画与美食的完美结合！

也就是从这次宴请以后，咱这道"黄焖甲鱼"的名气也大了起来。有人风趣地说这黄焖甲鱼的身价，是顺着板桥先生的春竹一节一节爬上来的！

无心插柳做出云梦鱼面

　　笔者入行几十年，发现很多名菜名点之所以成名，其中偶然因素起了很大作用，用业内老师傅们的话讲就是，无心插柳柳成荫，诚心做菜难成名！

　　本文所要向你介绍的"云梦鱼面"，就是"无心插柳"而成就的一道风味面！

　　云梦，有梦泽之称。这里不但风景秀丽气爽宜人，而且自打清朝年间，这里便成了江南一带有名的布匹集散地和贸易区。据当地人讲，那时在他们这小小的云梦城，住店的人十之八九都是来往于此的布商。这在客观上对于云梦地界儿融合南北、汇聚东西的饮食结构的形成，起了重要作用。

　　也就是在这频繁的布匹贸易往来中，各家餐饮企业，其实也早就参加了这场客源争夺战。因为失去了布商这一客源，本地消费是难以支撑这么多餐厅酒楼生存的。话说在当地众多的餐饮企业中，有一家被称为"云梦餐饮之都"的云梦大酒楼，在人们的心目中，那一道道炒菜，一款款小吃做得真是"颜色是颜色，香气是香气，味道是味道，形状是形状！"用当时老云梦人的话讲就是，只有云梦大酒楼坐满了，别家的餐厅才会有生意！

　　单说这天下午，云梦大酒楼一位有名的面案王师傅，在和面时一不小心把一个盛有"鱼蓉"的盆给碰到了地上。眼见得鱼肉流出了盆儿外。唉呀！都怪我粗心，这位王师傅连忙腾出手来把鱼肉捧回到了盆中。他这时也犯了难，看来这鱼肉再做鱼丸恐怕是要影响质量了，但又不能扔掉，因为东家对于酒楼的成本控制一向是很苛刻的，弄不好，会因此而被辞工的。

　　到底是经验丰富的大厨，没过两三分钟，一个主意就来了，何不用这鱼蓉（肉）来和面呢！对！就是这个主意，趁没人注意之机，这位王师傅以最快的速度，把鱼肉倒进面盆中，又随机取了一些面粉放在了上面，若无其事地和了起来。

　　转眼间这盆鱼面和好了。冷眼观看，这面的颜色较以往相比，真是白了许多，怎么看这心里都很舒服。再说那手感，更是觉得劲道有加（那当然了，鱼肉本身的胶质就很重，和出的面能不有劲儿吗）。

　　待面醒好以后，这位王师傅转眼间就把它做成了色白条匀，看着就喜兴的面条。像往常一样，这些面还未到"关门"就被客人们购食一空。这期间不少吃面的人向堂倌打听，今天的面怎么会比往常的要好吃很多呢？跑堂儿的赶紧把客人的意见及时汇报给了老板。这位年过半百的酒楼东家一听也觉得新鲜，于是就询问这做面的王师傅。开始王师傅心里还是有些紧张，但见老板并未有不高兴的样子，心里也就踏实下来，一五一十地把事情的前因后果讲了个一清二楚。听完王大厨的讲述（在老板心目中，王师傅一向是被当作掌案大厨来看待的），老板站了起来，伸出右手拍了一下王师傅："你这是做了一碗好面呀！给咱云梦大酒楼创制出了一款全新口味口感的面条呀！酒楼不但不责怪你，而且我还要奖励你。"

　　嘿！大家知道这件事儿以后，都说王师傅真是走了好运，歪打正着，无心插柳柳成荫！

　　老板和店中的几位师傅在品尝了王师傅做的这款"鱼面"之后，都一致认为是云梦城从未有过的风味面条，并一致命名此面为"云梦鱼面"！

　　据老人们讲，这鱼面开始在云梦大酒楼售卖时，不少的同行也偷偷前来品尝，但这一"窍门儿"他们始终都没能学到（因为他们很难想到，在和面时往里面加鱼肉），所以，在相当长的一段时间里，这云梦大酒楼都在独家经营这"云梦鱼面"！

但俗语讲，没有不透风的墙。后来这一云梦鱼面制作的"绝招儿"还是透露了出来，所以独家经营的垄断局面没过多久就被打破了。先是一家两家，再后来更多的店家卖起了这云梦鱼面。

其实作为行内人，从上述故事中我们可以得到些启迪，说不定哪天一不小心就有可能创出一道名菜呢！

文天祥与三杯鸡

在笔者没有结识京城淮扬菜名师陈代增老师以前，对三杯鸡这道菜可以说一点都不了解。

作为地方风味气息很浓的一款历史名菜，三杯鸡在很多年以前我就听说过，但对于它为什么以"三杯"来冠名，作为学做川菜的我，当年请教了许多人，但都未能够给我一个满意的答案。

但多年以后的上世纪90年代初，我有幸结识了当年京城有名的淮扬菜大师陈代增老师。

陈大师以他那渊博的烹饪理论，轻而易举地就把埋藏在我心底多年的难题给解决了。

记得1993年笔者作为川菜评委，参加国家旅游局的厨师考核工作。令我高兴不已的是，当年早就红遍京城餐饮界的淮扬菜名厨陈代增大师作为考评主任与我们一起工作。那时的陈代增大师在淮扬菜领域的名气，可以说是和我的恩师陈松如大师在京城川菜界的威望不相上下的。正是因为这一原因，我十分崇敬他。

　　经过一段时间的接触，我感到大师不仅精通淮扬菜，而且对于他方菜系也了解不少。这不，那天我们饭后闲谈，谈着谈着就说到了这"三杯鸡"上。

　　见我等对"三杯鸡"这道菜感兴趣，他的积极性好像更是被调动了起来，朝我们笑了笑，就轻声慢语地讲了起来："说起来这三杯鸡应属江西菜（噢，怪不得好多师傅不知晓这个菜呢，因为那时在咱北京几乎可以说没有江西菜馆）！此菜在制作时，调用了三杯等量的食用油、酱油、米酒，所以才得以"三杯鸡"冠名！"

　　这里需要指出的就是，虽号称三杯，但到底用什么杯，多大的杯，那可是不得而知的！但从菜肴的制作常识来看，这三个杯不应该是"等量"的杯，尤其是酱油不应和米酒一样多，反之菜肴不就成了"黑色"了吗？大师就是大师，仅从这"三杯"两个字中就可以分析出这么多内容。

　　说起这三杯鸡的制作，不瞒你们说，这历史还真有些长了。听前辈师傅们讲，向前可以追朔到南宋时期，而且还和人人敬仰的爱国英雄文天祥有关！

　　话说南宋后期，抗元英雄文天祥，率领宋军转战到了江西福建一带。单说这一日，由于连日奋战，宋军终因缺少军粮而不战自败，文天祥也不幸被俘。元人诱降不成，于是下决心要加害于他。

　　谁知这要杀害文大人的消息，不知是被谁传了出去，一时间引起了当地老百姓的极大同情。话说在这群同情英雄的人当中，有一位家境还算说得过去的陈阿婆，在情急之下，杀了一只老母鸡，以家中一铜制小杯为工具，连着取了一杯菜籽油、一杯糯米酒、一杯底儿的酱油和其他调料就把这鸡烧进了锅里。待鸡熟以后，一是老人家见鸡肉过多，二是怕被狱卒们抢吃，于是她就把鸡肉分了几份，打算分几次给文大人送去。单说这天将午，阿婆带着鸡肉来到了监狱。那狱卒问她做的是什么？阿婆听狱卒这么一问，就没好气儿的回答说："给文大人烧的三杯鸡！""三杯鸡"，怎么从来都没听过这个名字？狱卒见阿婆这生气的样子，哪敢用歪心思，只好让她送了进去。就这样，每天一次，阿婆这三杯鸡一直送到了文大人就义的前一天。

随着英雄事迹的传开，这三杯鸡的故事也随之传播开来。人们为了怀念英雄和同时感谢这位敬重英雄的陈阿婆，当地的百姓都做起了这三杯鸡！这一始做于民间的怀念英雄的三杯鸡，理所当然地被职业厨师们学到了手，没过多久，当地的饭庄酒楼也开始卖三杯鸡。随着社会的变革与进步，最终这三杯鸡才正式落户于江西菜馆中。又经历代名师的传承与改进，才形成今天三杯鸡的口感与口味！

大师讲到这儿，稍停顿又接着说："可惜在北京还不能吃到这正宗的三杯鸡。"大师虽有遗撼，但我等心里却很满足，因为在这闲谈之中，我们又学到了新知识！

诸葛亮与黄鳝凤头鸡

作为川菜大厨，笔者对于湖北菜的了解，始于 1978 年，那是我第二次来重庆学做川菜了。在专攻牛肉菜肴制作的紧张学厨生活之余，我有幸结识了当年在重庆声名显赫，在业内有海派名厨之誉的陈林大师。

听业内的同行们议论，陈大师早年成名于重庆，但不久就顺江而下来到了武汉三镇，开始了他近二十年的海派川菜之生涯。听说后来又转到上海和南京主厨。在 1955 年前后又回到了他功成名就之地重庆。

说起我与大师的巧遇，其实完全有赖于当年重庆的另一位大师级的名厨徐德彰老师。说起我与徐大师的师徒之情，那可是我学厨生涯中值得骄傲的一件事情了。

作为当年北京成都饭庄（四川饭店 1973 年重张时是以成都饭庄作店名的）的年轻厨师，我有幸来到重庆，投在有"山城一把刀"之称的徐大师门下学厨。历经近八个月的苦心学习，我的川菜技艺较刚入川时强多了。到如今我还清楚地记得他给我讲他的拿手名菜"黄鳝凤头鸡"的烹制绝技和轶闻趣谈。

话说这天下午，我刚好下早班在宿舍。听有人敲门，我连忙开门一看，嘿！想不到徐老师面带笑容站在门口儿。我忙请老人家进得门来。"自华，有时间吗？我领你去拜见一位咱们重庆的老前辈！"我一听心中在想："老前辈，又是哪一位老师呢？"我正在低头思忖，徐老师又对我说："咱们这就去重庆大礼堂，连晚饭都让他请了。"

听徐老师话语没有商量的余地（因为当时我在想，就你徐德彰老师就够我刘自华学一辈子的了）二话没说就与老师出门了。

重庆大礼堂当年是重庆市政府接待处所在地，重庆市的许多重要宴请活动都在这里举行。我想，这里的川菜质量应当是不错的！

不一会儿，徐老师带我来到了招待处的餐厅。可能是先行打了招呼，我们刚一进餐厅的大门，只见一位六十开外的老师（重庆把师傅都以老师相称）就迎了上来，先和徐老师打过招呼，又把面孔转向了我。徐老师右手一指对他说：这就是北京四川饭店来咱这学习的小刘儿，今天特意来拜访你这老前辈！

陈老师伸出了厚实宽大的双手，握着我的手说："首都来的，欢迎欢迎！啥子老前辈吗，只不过是多做了几年而已！"听他这么一讲，我也放松了许多，表示要向老人家学一些实实在在的职业技能。

听我这么一表态，陈老师笑着对我说："既然你随徐老师而来，想来也不是外人，那我今天就用湖北名菜'黄鳝凤头鸡'和其他小菜来招待你们！"只听这时徐老师接过话头："听说这'黄鳝凤头鸡'在湖北菜中，还有一段鲜为人知的趣谈故事呢，趁此机会我也来听一听学一学！"

说话间，服务员端上了茶，我连忙给两位老师各倒了一杯。陈老师说他先到厨房安排一下菜，回来就给我们讲这"黄鳝凤头鸡"的来龙去脉。

我心中在想，没想到为学川菜而来，却偶得湖北菜烹制之秘诀，看来我要来一个"艺不压身了"。正当我在突发奇想之时，陈老师回来了，我又给他们各自续上了茶。陈老师深深地喝了两大口，面对徐老师说："那我可就不客气了，把这黄鳝凤头鸡的掌故轶事讲给你们听听！"

徐老师没说话，笑着点了点头。提起这黄鳝凤头鸡在湖北菜中的制作，那历史可真长了去了。据老辈人讲，它是由当年的蜀国丞相诸葛先生的厨师发明制作，为的是以此菜来庆贺皇叔与孙尚香的龙凤之喜！

此菜是以鲜活的黄鳝，和一公斤以内重的仔母鸡为主要原料，先炸后烧分料而做，然后再同盛一盘。口味可咸可辣，或是一咸一辣。颜色可全红或是红白相间。总之要给食者以差异之感。一菜两味双色为最佳。

听到这儿，我心中在想，不愧是大师，短短数语，就把此菜的制作要点讲出来了。

但这时又听陈老师一板一眼地说道：此菜虽在湖北所创，但咱们的川菜也是可以将它移植过来的。"鳝鱼味中有腥可调麻辣，凤头嫩鸡味可咸鲜。"这么一改此菜不就成川菜了吗！

唉！真是一句话点醒梦中人，这么说这"黄鳝凤头鸡"回北京也是可以做了。正当我心中暗喜之时，今晚的席中大菜"黄鳝凤头鸡"登场了。硕大的鱼盘被鲜绿的油菜心隔为两边。鲜嫩洁白的鸡肉和色泽红亮的鳝鱼刚好形成了难得的差色之美。白者更白是红者更红，而且鸡肉的咸鲜之味正好缓解鳝鱼的麻辣之浓。面对如此美味的菜肴，作为刚刚入行的我，还有什么说的呢？特别又是在这两位大师面前，我只有洗耳恭听的份儿了。这次大礼堂的名师拜访可真是受益非浅呀！

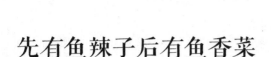

先有鱼辣子后有鱼香菜

国人中没有吃过鱼香肉丝（鱼香菜）的恐怕不多。作为一款传统的川味名菜，它为什么能够具有如此诱人食欲之魅力呢？又为什么被称作"鱼香"菜呢？

笔者学做川菜四十又三年，今天就我所知，给您介绍一下。

为了使您看得更明白，笔者现从两个方面来谈这个问题：一是它的口味的确适应了绝大多数国人的饮食习惯。我们知道，一个菜肴的口味，如果过于单调，人们是不愿接受的。而鱼香菜就能同时给我们提供出"咸甜带辣微酸"四种口味。菜一入口，咸味先被食出，你的味蕾刚刚有单调之感，那么甜味就出来了。稍过片刻，舌尖就会有乏味之觉，那么此时的辣味就跟上了。但你可能会觉得味道有些浓烈，最后这酸味会把以前的"咸甜辣"来一个调合分解之作用。转眼间你的味觉器官就会有多种体验，和谐而不冲突。

二是它那"辣而不燥，浓而不烈"的适中辣味可以适应不同辣味需求的人，也就是说，可以吃辣的人和不喜欢吃辣的人都可以接受。说句实在话，这样的辣味效果，即使在川菜中也并不多见。

最后再来谈一谈它为什么被称作"鱼香菜"的问题。在正式讲这个话题之前，先套用老北京的一句话，这就是"先有潭柘寺后有北京城！"是的，在川菜界内，也流行着这么一种说法，这就是"先有鱼辣子后有鱼香菜！"

"鱼辣子"在业内特指"泡辣椒"。做为辣味调料的一种，可以这样认为，泡辣椒应是鱼香菜肴辣味调料选择之唯一。讲得直白一些就是，如果你是选用"泡辣椒"以外的辣椒品种来炒制鱼香菜的话，那这些菜肴在内行人眼中是不能被称作"鱼香菜"的。这在正宗的川菜制作中，早已为业内所公认！

话说到这儿，您也许听出了笔者的意思，这就是"鱼香菜"之所以冠以"鱼香"二字，就是因为它采用了泡辣椒来调制辣味。否则，那只能叫"辣椒炒肉丝"了！

你也许又会问了，泡辣椒就泡辣椒呗，那为什么还要称其为"鱼辣子"呢？这话问得好，正问到了问题的关键所在！

提起这"鱼辣子"的话题，历史还真有点长。据说在很早以前，盛产辣椒的荣昌等地，每年秋天都有腌制辣椒的习惯。一是来年可尝鲜，二是大量的鲜红辣椒找一个好的加工方法。不然的话，来年也只能吃干辣椒了。

话说这一天，有一位张姓大嫂同别人家一样在忙着腌辣椒。刚刚把鲜红的辣椒装入坛中，忽听得门外传来了邻居的叫门声。大嫂急忙从屋中来到了街门外一看，原来是邻家妹子要向她请教这腌辣椒的事儿。咱们这位热心的张大嫂连屋也没顾得回，就热情地去了邻家。

再说此时的张大嫂家，屋中正好是她五岁的儿子毛毛在玩耍。他见妈妈没在屋中，便淘气地从盆中抓出了几条鲜灵灵的活鲫鱼，放入了一个装满鲜辣椒的坛子中，又随手抓了两把辣椒给盖严，继续到屋中玩去了。

大约过了半个时辰，咱们这位乐于助人的张大嫂从邻家回来了，匆忙给辣椒坛子分别上好了调料，随即码放在了厢房中。

待忙完了这些活儿，时间已至将午，便带上了围腰来到厨房准备做饭。焖上了米饭，便开始准备用昨天张大哥提回家的那些鲫鱼，美美地做上一顿"豆瓣鲫鱼"。

要说这位张大嫂真不愧是干家务活的一把好手，三下五除二转眼间是饭好菜得！

不一会儿，张大哥也回来了，于是三人围坐在桌旁高兴地吃起了这顿"米饭豆瓣鱼"！

但当张大哥见了端上桌的鱼盘一看，感觉这数量有点不对头，好像是少了几条。便问张大嫂。大嫂说怎么会平白无故少了几条呢？我明明是都做了呀？便转过头来问毛毛。毛毛听罢还顽皮地做了一个鬼脸儿："您是问那几条鲫鱼吧，让我给放进了辣椒坛子里啦！"

"什么？"张大哥一听便瞪大了双眼，少了几条鲫鱼不算什么，但那一坛辣椒要是腌坏了多让人心疼呀！见爸爸这么生气，小毛毛眼一红掉下眼泪来。张大嫂一见忙说："算了，放都放了，着急还有什么用？"

由于活儿忙，张大嫂张大哥也就忘记了那"鲫鱼腌辣椒的事儿"。

在辣椒"倒坛"时，张大嫂终于见到了那坛装有鲫鱼的腌辣椒。本想趁此机会把它们取出来，谁知双手在捞辣椒时，并没有闻到往常死鱼特有的腥气，而是闻到一种说不出的味道。索性还把这鲫鱼放回坛中吧！说不定还会因此而腌出一坛全新口味的辣椒呢！

待辣椒"腌透"（泡透）时，张大嫂张大哥，还有他们的宝贝儿子毛毛，都围拢在那坛鲫鱼腌辣椒旁。只见张大嫂揭开坛盖儿，低下头闻了闻，嘿！还真有一股奇异的香味从坛口溢出。这事真有点怪了，再取一把辣椒剁碎，看看炒菜好吃不好吃。没过多大一会儿，张大嫂便麻利地做好了一盘"鱼辣椒炒肉丝"。三人围拢过来一尝，都觉得这味道与往日的口味确实有些不同，辣味中好像还多了一种特有的香气。

光自己家说好吃还不行，应该让城里饭馆的师傅来尝一尝（当时他们腌制的辣椒主要就是卖给城里的饭馆用来做菜）。于是他们便拿着这"鱼腌辣椒"来到了城里一家叫作"川香居"的饭馆，对大师傅说明了来意。这位大师傅一听也觉着挺新鲜，还没听说过有用这鲫鱼来腌辣椒的呢！所以他就全收了下来，并让他们过几天来听信儿。

这张大嫂一家回村咱先不表。单说这位大师傅，把这鱼腌辣椒取过来一把以后，派小工用刀把其剁细，试着炒了一盘肉丝。菜熟还没出锅，这位师傅就闻到了锅中有一股已往未曾有过的香气。唉！莫非真是这鲫鱼在起作用？于是，他便招呼其他师傅一同来品尝。

这一尝不要紧，大家是异口同声说好吃。这鱼腌辣椒还真是味不寻常呀！听大家这么一说，这位大师傅自然心里也就有了底。用有"鱼香"的腌辣椒炒肉丝既然这么好吃，那索性就叫它"鱼香肉丝"吧！

"鱼香肉丝"这道菜一出，立刻吸引了大批的食客。

没过几天，张大哥一家又来打听消息。这位大厨热情地对他们说："你们这鱼腌辣椒不但能用，而且味道还很好，现在我们饭馆就和你们定个协议，今后你们家专门给我们腌（泡）这'鱼辣子'"！

回村以后，张大哥一家便一心一意做起了这"鱼辣子"的生意，并且给它取了一个好听又形象的名字"泡辣椒"！

没过多久，张大哥这制作"泡辣椒"的消息不胫而走，于是这小山村便都学着张家的样子做起了这"泡辣椒"（实际上还是鱼辣子）的营生。

同样，这川香居的鱼香肉丝没过多久也被当地的同行们学了过去，一时间可以说是满县城都在飘"鱼香"！

再后来，这"鱼香肉丝"便也在重庆、成都、自贡、宜宾、泸州等城市传播开来，并且在大厨名师们的精心研制下，无论用料还是口味都得到了极大的改进，逐渐形成了今天的以"鱼香肉丝"为龙头的鱼香菜系列。尤以鱼香明虾片、鱼香带皮虾、鱼香网油虾卷、鱼香熘鲜贝、鱼香墨鱼仔、鱼香炒鳝丝、鱼香鸭子、鱼香鸭方、鱼香八块鸡、鱼香虾仁、鱼香紫菜苔、鱼香油菜心、鱼香茄饼、鱼香茄花等为国人所钟爱！

吃水不忘挖井人，作为一名职业的川菜厨师，我时常在想，每当我们享受这鱼香菜给我们带来的实惠时候，我们不应该忘记当年淘气的小毛毛和张大哥张大嫂这一家人。因为没有他们腌（泡）出的"鱼辣子"，就不可能有川菜中的鱼香菜！所以我要说："先有鱼辣子后才有鱼香菜！"

中国官府第一菜宫保鸡丁

眼下，中国的庭院菜、私家菜或者私房菜可以说是遍布了城乡，可又有哪一家能够留下像"宫保鸡丁"这样的传世杰作呢？

宫保鸡丁的故事，作为学做川菜有四十三年经历的笔者还是知道个大概齐的。

"宫保"二字是指它的创制人丁宝桢所受太子少保之衔（人称丁宫保）。丁宝桢是贵州人，早年科举得中，初在四川为县令。因他祖籍贵州，又在四川为官，所以品麻吃辣已成为丁大人一日三餐主体之口味。"鸡"在这里是指此菜的主要原料。有说是带骨鸡肉，又有一讲是去骨净肉，到底哪一说正确，我想已很难有人说清楚了。"丁"在这里是指菜肴的形状，只是有大小之分而已。

丁宝桢为官清廉，官声甚好，所以不久便升任山东巡抚。这时他家常吃的小尖椒炒鸡丁就已小有名气了。

不久又随着丁宝桢在山东做了一件当时震惊朝野的大事情（杀了深受慈禧宠爱的大太监安德海）而使得丁府更是高朋满座贵宾如云。这期间大小宴请自然已成常事，小尖椒炒鸡丁无疑已成每餐每席必上之美食。谁都知道丁府家宴有一款浓香微辣，酸嫩爽口的小尖椒炒鸡丁！

没过多久，丁宝桢又荣任了四川总督，这就给宫保鸡丁的完美形成创造了得天独厚的条件。果然不久"宫保鸡丁"就取代了小尖椒炒鸡丁之名了。又有谁能想到，这一改名便使此菜成了中华美食传世之佳肴！

随着总督府中这款宫保鸡丁越来越为人们所熟知，理所当然地也引起了成都专业厨师的关注。由于那时小青椒的生长受季节的限制，所以聪明的川菜前辈们便以一年四季都有的干红辣椒取代小尖椒而入菜了。而且又根据经营需要添加了油炸花生米，但味道还是万变不离其宗的。

随着时间的推移，宫保鸡丁这道出自昔日官府的小炒美味也在日益完善，直至成为今天的川味名菜。这里需要说明的是，常常有人问我"宫保鸡丁"与"宫爆鸡丁"有什么区别。笔者果断地答复他们，两菜其实没有什么不同。宫爆取代宫保是当年特定时期所采取的临时名称。笔者 1972 年在前门大街的力力餐厅实习时，其菜单上写的就是"宫爆鸡丁""宫爆肉丁""宫爆腰花"。

说到"宫保鸡丁"在中餐菜肴中的食用效果，用川菜老师傅们的话讲就是"怎样褒奖都不为过"。它的制作专利虽然归属了川菜，但其影响却早已大大超越了方菜之范畴。并被业内业外、海内海外公认为中华美食的杰出代表！

时至今日，宫保鸡丁以它那随处可见的用料，麻辣咸甜酸的口味适应了几乎所用的食用群体。百姓家常的小煎小炒，宴会包席的经典大菜都有它的一盘之地。即使是较为高档的宴请，宫保鸡丁同样是可以上席的，只不过它的制作程序要精细多了。特别是刀功，那可不是一般刀技师傅所能切来。要在鸡肉的三分之二深度处切剞花刀，然后不能小于两厘米长切丁。待鸡丁成熟时，花刀翻卷呈菊花型甚是美观，其活泼生动之感会给菜肴以锦上添花之效果！

这里还需向您提醒的就是，宴会的规格越高，宫保鸡丁的用料则越讲究。

一是为了方便食用，可用辣椒油、花椒油取代干辣椒、花椒而入菜。还可待花椒、辣椒炸出香味时捞出不用，只是取其口味。

再有就是，这时的宫保鸡丁中往往是不放花生米的，尤以北京的四川饭店最爱这样炒制。

最后再来谈谈宫保鸡丁的归属问题。因为丁宝桢跟贵州、山东、四川都有关系，所以三地都说宫保鸡丁应归于他们的菜系。其实最公正的说法应该是"源于贵州，名于山东，享誉四川"！

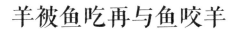

羊被鱼吃再与鱼咬羊

看到这个题目，也许你会问了，这先是羊被鱼吃，再后又是鱼把羊咬，说了半天这讲的到底是什么呀？怎么我们越发看不明白了呢？

这不怪你，题目是笔者经过了反复推敲以后才定下来的。别心急，只要你能接着往下看来，我相信你是会明白的！

"羊被鱼吃再与鱼咬羊"这九个字，其实是对我国著名的地方名菜"鱼咬羊"其制作始末及成菜原因的概括之词。

作为北方人，对于原做于我国安徽的"鱼咬羊"这道名菜，其实大多数人恐怕也和笔者一样是陌生的。但是，笔者在这儿告诉你，无论怎样做，只要是"鱼咬羊"这个菜，那么其口味与口感定会是好吃无疑！

为什么这样讲呢？因为中国饮食文化的发展历史早就告诉我们，自远古时代起，民间就已经有了以羊肉与鱼同烧制菜的习惯。说到这儿，也许你又该问了，你说这话可有根据？

这话还真让你问着了，其实"根据"就在你我的身旁，只不过平常没注意而已。这个根据就是业内所讲的"鲜"字。我们的祖先在造字时是很讲究突出人的主观意念的，讲得直白一些就是"意化"字。你看这个鲜字，不正是由"羊"字和"鱼"字组成的吗？这正好印证了鱼羊为鲜的理论是正确的！然而，为什么这个鲜字，唯独启发了安徽人的聪明才智而创制出了"羊肉"与"鱼"同烧这道美味呢？笔者有幸在一个偶然的机会，听一位做徽菜的老师傅讲过这个故事。

记得那已是20世纪90年代中期的事情了，笔者当时在厦门的信达大酒店任大厨。话说这一天，应来自安徽的大学生采购员之邀，来到了一家他们老乡开设的黄山大酒楼品尝安徽菜。

也许他们早已约好，我俩刚一进门，迎面就来了一位四十岁上下年纪的厨师傅热情地接待了我们。落坐吃茶自不必多说。由于是同行，三句话过后我们彼此就熟悉了起来。由于职业关系，我们的谈话内容始终是围绕着川菜与徽菜来进行的。尤其是我们两位都对有轶闻典故的菜肴很感兴趣。我对他介绍了川菜中宫保鸡丁和麻婆豆腐的传闻轶事。而他说着说着就讲到了"鱼咬羊"这个菜的故事（在此前我只知道行业里的鱼羊为鲜，但还未曾想到果真会有"鱼咬羊"这个菜）。由于是我亲耳聆听，所以二十年以后的今天，我仍可以原模原样地复述一遍给你听！

据传当年在徽州地区，一直流传着这样一个故事：有一个年轻的后生，赶着羊群在河边放牧，谁知这时有一只羔羊被湍急的河水冲走了！

话说这一天，下游的渔民在河边下网捕鱼。当时打上来的鱼在他们看来的确是有些偏肥，但也未引起他们的注意。待他们到家杀鱼时，奇迹出现了，原来这鱼肚子被打开时，里面竟然露出了鲜爽爽的羊肉。而且放在嘴边一闻，并未发现有什么异味。一向过惯了勤俭日子的渔民们，哪里舍把这些鱼腹中的羊肉取出都扔掉呢？于是他们就大着胆子来了一个"鱼"与"羊"一锅同烧！

嘿！你还别说，这鱼羊同烧还未等其熟透成菜，那从未有过的鲜香之味早已飘出了锅外。待烧熟成菜时，揭开锅一看，呀！真是太好了，鱼色已成金红，且锅中的鱼香气与羊肉味浑然成为一体，那个鲜香之味就别提了。放入口中这么一吃，那鱼酥肉烂的口感更是另人大吃一惊，原来鱼与羊肉同烧这么好吃呀！

也就是打这儿以后，这些聪明的渔民便与这羊倌交上了朋友，时不时地可以从他那里买来被淘汰下来的羊只（作为打渔人，他们可舍不得用钱来特意买羊来吃），宰杀以后取下净肉适当切小块，人为地往鱼腹中这么一放，再烧熟食之。

不瞒你说，当年我听到这儿时，忍不住都笑出声。但那位徽菜师傅仍然一板一眼地对我说道：就这样，这个鱼羊同烧的菜被渔民们悄悄地独享了很长时间，最后还是被别人知道了（据说是被那位有心的羊倌最早发现的）。从此以后这道"鱼羊共烧"之菜很快就在当地传开了。也不知是哪位有文化的食客给它取了个"鱼咬羊"的名字，而且一直延续到了今天。

这位徽菜师傅讲到这里，向我两手一摊显得有些无奈地对我说道：此菜虽然味美好吃，但从它的制作范围来讲，今天仍然是只限于徽州地区，往大里讲，也不过是在徽菜规模内。这对于名菜的制作来讲，不能说不是一种遗憾！

但他话锋一转马上又说道：其实作为本帮菜师傅，对于这种现象也是可以理解的。为什么这样讲呢？因为从当今人们的饮食习惯，还有厨师们的业内行规这两方面来看，已是很难接受再用鱼和羊肉一锅烧菜了，除非你是怀古忆旧爱吃这一口儿，否则店家和厨师都是不再愿意主动来做这个菜的！

听完他的讲述，我连忙点头表示感谢，也被他那一般人不曾有的"不为名菜所束缚"的职业情怀所深深感动！因为在我们这个行业中，甘愿被名菜情结束手束脚的人实在是太多了！

鸳鸯鸡做媒项羽娶虞姬

楚汉相争虽以项羽失败而告终，但他那"力拔山兮气盖世"的霸王气概，却永远地留在了后人心中！

据资料显示，在当年的西楚国都彭城（今天的徐州市），人们每每在谈起那场惊天地泣鬼神的楚汉大战时，对于他们昔日的楚霸王，总还会抱以虽败犹荣之心态。在人们心中，项羽永远是不败的英雄！至今在徐州当地，还流传着项羽与他的爱妻虞姬相亲相恋相爱的美好传说，并一致认为他们的相爱是因一款名菜"鸳鸯鸡"为媒所致！

话说当年血气方刚的项羽，来到这彭城一带谋生计，这一日来到城南的一座寺庙前，见一群小伙子围在一尊铁鼎前比比画画地议论着什么。近前一打听方知，有一老者正在与这些年轻人打赌，双手能举起这尊鼎者可赏雪花白银五十两！

什么？五十两！那在当时可是一笔不少的钱呢！项羽心里一盘算，不声不响地围着这鼎转了两圈，又走到跟前伸出双手掂了掂。唉！你还别说，这鼎还真被他挪动了窝儿。俗话讲，挪地儿即能起。

　　他心里有了底以后，便来到这老者面前先施一礼，说他想试一试，不知这五十两银子的赏钱是否当真？老者抬头把项羽从头上到脚下打量了一个仔仔细细，开口说道："君子一言驷马难追，只要你举得起，这银子我给定了！"

　　这时项羽的心才放了下来。脱去外衣，扎了扎腰带，大步来到这鼎前，摆了一个标准的骑马蹲裆式，探臂膀伸双手，紧紧抓住鼎的底座儿，鼓起单田气，双膀一叫力，腰杆往上一挺，嘿！真不含糊，这鼎是稳稳当当被这项羽举过了头顶。怕有人不服，他还在原地转了两圈，这才又慢慢地把鼎放下来！可能是此举把大伙儿给镇住了，过了大约十几秒的工夫，人们才缓过神儿，齐声呐喊"真神力也！"

　　但见那位老者走到项羽面前，双手把雪花白银奉上，并说晚间要请壮士吃顿便饭。

　　傍晚时分，项羽如约来到老者家中做客。酒过三巡菜过五味，忽见一年轻女子手端一盘鸳鸯鸡飘身而至。项羽瞪大双眼往盘中一看，一盘鸡肉两种颜色，四周还有鲜嫩时令蔬菜围绕。

　　见项羽面露惊异之情，老者连忙解释道：知道壮士前来赴宴，小女虞姬特意制作了这道鸳鸯鸡，愿与壮士共品此菜！话没说完，虞姬已亲自把这盘中红色的鸡肉分夹在了项羽的菜碟中。这愣头愣脑的年轻人也没多想，只顾有滋有味地吃起这鸡肉来，并连声说好吃好吃！再说这位虞姬看项羽这狼吞虎咽的吃相，也差一点笑出了声。见这两个年轻人全都忘记了谈"正事"，于是这位虞老伯忍不住开口道：看壮士这身英雄气概，将来必会干出一番事业。老汉愿把小女虞姬许配给壮士为妻助你共创大业！

　　听老伯这么一讲，项羽还以为耳朵听错了，大约过了二三十秒的时光，这才醒过神儿来，连忙施礼拜见岳父大人！

　　没过多久，项羽与虞姬这两位以"鸳鸯鸡"为媒的年轻人就喜结良缘了。虽然最后大业未成身先去，但这段以"鸳鸯鸡"为媒的佳话却流传下来！据说现在徐州当地还有鸳鸯鸡这道菜呢。

吝啬财主与拆烩鲢鱼头

淮扬名菜"拆烩鲢鱼头"的大名，笔者1971年在北京市第一服务局厨师培训班就已听说过，但真正了解和吃到正宗的拆烩鲢鱼头那还是在二十年以后的1992年的一次偶然机会。

记得是在参加北京市西城烹协组织的一次名店名菜鉴赏会上，刚好有西城淮扬菜名店同春园饭庄参评。他们送评的名菜中就有"拆烩鲢鱼头！"

我作为此次活动的川菜评委，有幸结识了同样来自同春园饭庄的评委张师傅，于是就我们各自单位的菜肴烹调技艺交谈了起来。他说我们的"麻婆豆腐"如何如何地驰名中外，而我则说他们的"松鼠桂鱼"是难得的传世佳肴。他又说我们的"鱼香大虾"是如何的味美难得，我则又夸他们的"大煮干丝"是技术精湛。说来说去，自然而然地就说到他们的淮扬名菜"拆烩鲢鱼头"上来了。

我十分诚恳地对他说："张师傅不瞒你说，你们的传统名菜拆烩鲢鱼头我是早有耳闻。虽然你们的同春园离我们四川饭店只有一站路那么远，但苦于这么多年无人引见，我和你们那儿的师傅们无缘相识。今天真是天赐良机，让我有幸得见您这淮扬菜名师，所以我今天诚心诚意地请您给我讲一讲这'拆烩鲢鱼头'的制作始末！"

听我这么一讲，张师傅连忙说："没问题！但我们要来一个等价交换！"我不解地问他如何交换？他说："我先给您介绍'拆烩鲢鱼头'，等一会儿您可得给我讲一讲你们饭店的名菜'干煸牛肉丝'的做法。"我一听二话没说便爽快地答应他："甭说你要我给你讲，你要是有兴趣的话，我愿请你来饭店品尝干煸牛肉丝等川菜！"

见我这么爽快，他也真没含糊，一板一眼地对我讲了起来："其实说起'拆烩鲢鱼头'在淮扬菜中虽然名气不小，但它还不能算是方菜中的高端菜肴。讲得直白一些就是，它只能上中等偏上的宴请席面，因为不管怎么讲，鲢鱼头在淡水鱼中也只能算得上是一个中等甚至是偏下的等级。也许正是因为这个原因，在我们饭庄中，每每有宴会或是行内人的'拆烩鲢鱼头'的制作，差不多都是由我和师傅来掌勺的。一般的厨艺会使此菜做得是见鱼头肉而不见了鱼头之形状。要知道，这在淮扬菜帮内可是一个大忌呀。"

我不住地朝他点头，示意我非常同意他的见解。他也朝我笑了笑又打开了话匣子：说起此菜在淮扬菜中的制作，可以追溯到清朝末年。话说当年在这扬州城里，有一王姓富豪人家。别看家财万贯，但对穷苦人和在他家做工的下人那可以说是铁公鸡——一毛都不拔！不要说平日里在他家吃饱很难，即使是在他家的喜庆之日那也是善心难发。

单说这一日，家中的女主人过生日。按照常理儿应该是上边吃了肉，下边也是应该一同改善伙食的。但这吝啬鬼却想出了一个完全出乎常人意料的主意。你猜怎么着，他叫厨师把这鱼头（江南人爱吃鱼，尤其是以贺寿庆生为甚）单切下来，蒸巴蒸巴，烧巴烧巴给下人们当菜用，而把那鱼的中段单留给自家人吃。

厨师一听这话，真是气得恨不得马上辞工，但又迫于生计，也就只好照办了。但咱们这位师傅心里也在想，你不是抠门儿小气吗，好！那我就来一个"精工细做"这大鱼头！

话说咱们这位业界前辈，不愧为行家里手，把这大鲢鱼头一刀劈为两半，去净杂质，放入开水中煮至头骨可取出（骨肉将分离）时，就捞了出来。把鱼的头骨全部取出后，一看这鱼头肉还是有点少，于是又配了咸肉片、香菇、冬笋还有盖菜心这么一齐放入锅中烩烧。你猜怎么着，赶情这味道比那"鱼中段"还香呢。

再说那位小气鬼的财主，恍忽间听说那位厨师能把鱼头做得比鱼肉还香，开始以为他们在说气话，但听着听着他也忍不住了。于是就特意买了一条四斤多重的大花鲢，让厨师专门给他做这鱼头吃！

这位师傅一听，心中是又好气又好笑，心想我这次还真要把鱼头做得比鱼肉好吃，好让你把这鱼肉当下脚料给下人们吃。于是，他就依照前面方法，把这大鱼头做得格外出彩儿。那位财主一看，脸上笑开了花儿，口中不住地连声说好菜好菜！想着想着，他突然脸一沉，想起夫人过生日那天，他们吃那鱼中段显然是吃亏了，于是暗下决心从今以后，我们是只吃鱼头再也不吃那鱼肉了。

讲到这儿，张师傅深吸了两口烟又继续说道："这个故事的真假其实已经不再那么重要了。但它充分说明，只要技术到家，鱼头同样是可以做得比鱼肉还好吃的。作为身处江南水乡的淮扬菜厨师，我们是有责任有义务把这样大众化的名菜传承和发扬下去的。就和你们川菜中的麻婆豆腐那样，在咱们手中一定要做出'彩儿'来才行！"

听他这么一说，我心里真是有些佩服他了。"不愧是名菜系的名厨师，那业务素质果然不俗呀！"于是，我俩就此成了厨技上相互取长补短的益友。

苏造肉天桥奇遇记

　　说起我所知道的老北京苏造肉，这其中还有一段鲜为人知的巧遇机缘呢！

　　因为我自打入行的那天起，就科班学习了川菜的制作。又由于所工作的北京四川饭店所经营的菜肴百分百的都是四川菜，所以我几乎是接触不了他方菜系的。

　　我最早听说"苏造肉"三个字，还是在 20 世纪 80 年代初期。在参加西城烹协活动时，听他们那里的老师傅所讲，但也并没有引起我的注意。

　　那么，我又是怎么亲眼见到和亲口吃到这苏造肉的呢？诸位请别心急，且听我一一给您道来。

　　说起来那也是 20 世纪 80 年代的事情了。那一天下午，也不知是因为什么事情，我走在了天桥的一条不算宽的胡同中。

　　走着走着，忽然我的前面出现了一个不起眼儿的木板招牌，上面写着"老北京苏造肉"六个大字。我一看，这是一家在北京当年的饭馆中再简单不过的家庭式小饭馆。临街两间是餐厅，凭经验判断再往里准该是那不像厨房的厨房了。

我睁大双眼，隔着玻璃往里一看，嘿！您还别说，真有一个人抱着碗正低头吃着什么。我疑惑不解地走进餐厅，到了里边静眼看去，那真有返璞归真之感，木桌木凳就是没有木地板。

见我进门，从里间门出来了一位看上去约莫五十上下年纪的男子。看了看我，毫无表情地招呼我，是来吃苏造肉的吗？唉！这句话我还挺不好回答。说是吧，我还真不饿。说不是吧，那人家该说你不是有精神病吧！因为这儿是餐馆而不是茶馆儿，不吃饭你进来干嘛呢？

因我深知这些规矩，所以也就随口答音："是的，想吃一份你这的老北京苏造肉。"我的话音还没落，只见他脸上立时就出现了笑容，让我坐那等会儿。

得，还真利落，没有碗碟，没有茶水，只有那简单得不能再简单的一张餐巾纸和一双一次性筷子。我心里在笑，这样经营如果再赔钱，那就是连老天爷都不帮你。

我正想得出神，那碗老北京苏造肉就被放在了我的面前。我注目一看，唉！这不就是一碗小肠陈的卤煮吗！我顿时发起愣来。那位老板大概从表情上也看明白了我的心思，便主动与我交谈起来："如果缺什么尽管开口！"缺什么！你说缺什么呢？我无精打采地用筷子翻了一下儿碗。嘿！不折不扣的一碗卤煮。最令我不满意的好像是多了那么一两块的肥肉片。我试着吃了两口，又尝了一点汤。和卤煮相比，根本就找不出它们之间有什么不同之处。多年的职业习惯使我养成的好奇心，终于使我开了口。我心平气和但又显有些茫然地问他："老板，您说您这是老北京苏造肉，在我看来怎么就是一碗平常的北京卤煮呢？"嘿！您猜怎么着，听了我的发问，这位老板还是显得那样若无其事，就跟早就有了思想准备似的对我说："您讲错了，不是我的苏造肉和卤煮差不多，而是那卤煮学的我的苏造肉！"什么！那么有名的北京卤煮，会是从你这不起眼儿的苏造肉学做来的！我说："对你讲的我表示怀疑！"

听我这么一说，他反问我："您是做什么工作的？""咱们是同行！""什么，您也是做勤行的？"我回答："没错！单位就是北京的四川饭店。""什么，您在四川饭店工作，听说那里经常有中央领导去吃饭呢！"我朝他笑着点了点头："咱先别说这四川饭店，我今天就想好好向您请教一下儿，您这老北京苏造肉是怎样一回事情。"

见我不是外行，他的态度也明显改变了许多。端着茶杯坐在了我的对面。未曾开口先摇了两下头：说起这老北京苏造肉，那话可就长了。但我要明确告诉您，在北京，特别是老北京人的心目中应该是：先有苏造肉后有小肠陈。我连忙答腔：行，就算这小肠陈的卤煮是跟您这"苏造肉"学做而来，那就请您给我讲一讲它的历史吧！

听我这么一说，他脸上露出略显得意的笑容，又喝了两口茶，便打开了话匣子：我先对您讲一讲我为什么要开这家专卖老北京苏造肉的小店。不瞒您说，我们是父子两代都做勤行。家父今年已是七十六岁高龄，早年在咱北京什刹海旁边的一家北京菜馆学徒，那里有一道吃食，就是您现在吃的苏造肉。我连忙向他点了点头！

父亲退休不久，那家餐馆也就合并于一家大酒楼，卖起了其他的北京小吃，而父亲做了多年的苏造肉从此也就没了踪影。

我插队回京以后，又找不到什么合适的工作，于是父亲就叫我开起了这家小饭馆，不卖别的，只卖老人心中所割舍不下的苏造肉。我想这样也行，一方面可以挣钱维持生活，再有一点还可以了了老人家的一份心愿！见这位老板话锋一转，脸上浮出了得意之情对我说："您知道为什么叫它苏造肉吗？"我连忙摇头说"不知道"。他接着说："这苏造肉的'苏'字在这里是指南方。'造'字好理解，也就是我们常说的制作之做。合起来是说南方所做的肉菜。与咱这北方是没一点关联的。"

那也许你会问了，既然苏造肉是南方的，那为什么又有"老北京苏造肉"的称呼呢？其实这里面还有另一讲儿。据说是由大清朝的乾隆皇帝把它带到北京的！什么，这么一碗类似卤煮的吃食竟还是由大清皇上带到北京来的？对此我显出了明显的不解之情。见我这副表情，他便迫不及待地对我讲了起来：想当年，这位大清皇爷多次巡游江南。别的都好说，就这吃饭成了问题。微服私访可不比在京，所以，每次私访江南，皇上一行也就只好入乡随俗地走到哪里吃到哪里了。

话说这一日，他们来到了苏州城内，逛了一下街景，便来到了一家紧靠路边的小酒楼，被小伙计笑着迎进了门。刚一落坐，菜单便被递了过来。君臣一行对这南味苏菜可以说是没什么了解。但作为一国之君，虽是微服，但也不能失了尊严。于是把菜单朝伙计一推说道："你就看着给安排几道你们这里拿手的菜吧！"不一会儿，酒菜就被端了上来。松鼠桂鱼、大烩三丝、清炖狮子头等菜都是已往他们在北京少有吃过的。吃着吃着，这些大臣们见皇上好像对一个砂锅菜更有兴趣。原来这个菜是由五花肉做成的，色泽红中透亮，形似长条，肥瘦相间，汤浓成汁不稀不散，口感软嫩油而不腻，味道鲜香稍有回甜。更为难得的是，菜中味汁还可蘸着花卷、火烧什么的一同食用。见皇上吃得这么香，别人的食欲也被调动了起来，但又碍于君臣之礼，只好把这砂锅往皇上跟前推了推！

就这样，一桌丰盛的苏州菜很快就被他们君臣吃了个精光。临走时不仅多给了小费，而且还叫随行人员记住了这条街，记住了这家酒楼的字号，说他们只要不离开苏州，那么就要每天来这儿用餐！

乾隆果然没有食言，在这后来的七八天中，君臣的伙食真的全由这家酒楼包了下来。临走时，还让随行人员专门向酒楼请教了这苏造肉的做法，为的是回京以后要派人仿制！

谁知，自从乾隆爷回京以后，命御厨仿制了几次都不称心。无奈之下，这位酷爱美食的乾隆帝才下了一道圣旨，调苏造肉大厨火速进京给皇上做这道苏造肉。

再说这苏州知府，接到旨意后，哪里敢怠慢，急速命这家酒楼派大厨随钦差一同进京。只几日之工，钦差果然把这位苏州大厨领到了御膳房。转天中午，乾隆帝又吃上了比在苏州味道还要美味的苏造肉。龙颜大悦之下提拔这位苏州厨师为自己的御用大厨，并总管起这御膳房来。据说这位大厨深得乾隆帝的赏识，可以说无论皇帝走到哪里，这位御大厨都会随驾烹制这"清宫苏造肉"！

也就是打这以后，来自江苏的特味美食"苏造肉"，就在御膳房扎下了根儿，据说直到大清垮台，它才从皇宫走向了北京的民间。听到这儿，我连忙说，真是没想到，这小小的苏造肉里面，居然还有一段来自皇家的奇闻轶事呢！但我又好奇起来，在今天的北京，为什么人们倒是喜欢上了小肠陈的卤煮，却忘了有如此光辉历史的苏造肉呢？

听我这么一问，那位老板喝了两口茶，长长地叹了一口气："苏造肉"从皇宫来到民间以后，始终不愿放弃已往在深宫养成的那个身价。用料精成本就高，再加上精工细做，您说这卖价能便宜得了吗？所以当时在北京，它是明显水土不服。没过多久，眼看这生意就顶不住了。这时才有位姓陈的师傅对此进行了改良。把精选的五花肉换成了猪下水，也就是今天我们所见到的猪肠和肺头。您还别说，还没有完全忘了本。这不，还给您留了两片肉呢！

说到这里，只见他深深地连吸了两口烟继续说道：对于这样的改动，其实家父是不愿接受的。但苦于生计又有什么办法呢？

"那你为什么不再改回去呢？现在生活水平提高了，不愁这成本高的苏造肉没人吃吧？"听了我这么问，他还是显出些无奈："当时父亲决定开这家饭馆时，也曾想这么做，再卖那原来的正宗地道的苏造肉，但还是被我给说动了心。恢复老传统固然重要，但您别忘了，挣钱过生活对咱们更重要！老人一听也觉得在理儿，最后想出了一个折中的办法，这就是打'苏造肉'之牌，卖这'卤煮'之实了。"

听到这儿，作为内行的我也苦笑了起来。是啊，作为传统美食，其实要想真正传承下去还真是不容易呀！

听完他的讲述，我也吃的差不多了。两人都觉得挺满意，约定下次还在这"苏造肉"饭馆见！

我走出了餐厅，顺着胡同往前走了二三十步又回过头来望了一下儿，只见那"苏造肉"的木牌在灯光映衬下还模糊可见，我却怀着一股说不出的滋味向前走去……

张仲景与葫芦头卤肠

医圣张仲景，不仅医术高超，而且据前辈师傅们讲，他在不经意间，还给咱们的中华美食留下了一道百食不厌久卖不败的风味美食——葫芦头卤肠。

在咱们中国人的饮食习惯中，对于"肠"的食用可以说是历史久远，而且历经这么长时间的传承和创新，各方菜系也都创制出了属于本帮方菜的拿手绝活儿。如山东菜的九转大肠，广东菜的脆皮大肠，四川菜的炸扳指等都早已成了中华美食中难得的佳肴。

但是，作为业内一名资深的老同志，笔者体会到，尽管中餐中有这么多品种的肠类菜肴，但他们在制菜时，都要经过一个谁也躲避不开的加工程序，这就是业内熟知的"先行卤熟"！

这句话是什么意思呢？业内人都知道，作为烹饪原料，不管它是什么品种的肠儿，其实都有一个共同特点，这就是不能直接入菜。用行话来讲就是，先行卤熟再各自烹调。

这样的做菜方法，在业内通常被称为烹饪原料的再加工或是二次加工！

　　而且这么多年肠菜制作实践也早就告诉了我们，要想使肠菜做得口味纯正无异味，那头一道工序"先行卤熟"可是一个关键。这先行卤熟如果做不好，那么在接下来的具体肠菜制作时，即使你的技术再精湛，这个肠菜你也是做不好的！

　　说到这"卤肠"的制作，各方菜系可以说都有他们的独门妙方。既然方法各异，口味自然不可能完全一样。但如果你细心品味的话（思索之意，为行内用语），还是可以找出些规律的。这就是肠在卤制时，都需往里面放香料。看到这儿也许你会说了，放香料这么简单的事谁不知道，谁又不会放呢？对！这话你说的没错，但你可别忘了，这第一个放香料的人，谁又是他的老师呢？

　　前面讲了那么多，这才书归正传字入正文。现在我就给你讲讲这"第一个往煮肠中放香料"的人！

　　据业内的资深前辈们讲，这第一个往煮肠里面放香料的人，并不是我们做这煮肠的师傅，而是一个与这行完全不搭界的行医之人。据传，这个行医之人就是我国古代有医圣之称的张仲景老先生！

　　话说这一日时近正午，这卖煮肠的食摊前，满面春风地走来了一位行医的郎中，二话没说便坐在了板凳上。点了一盘煮肠和半壶黄酒，有滋有味地自斟自饮吃了起来。见是行医的一位老夫子，旁边坐位上的人不由自主地多看了两眼。但见咱们这位郎中每吃一口煮肠眉头就皱一下儿，这是为什么呢？是咱这儿的煮肠原本就不好吃，还是他本来就吃不惯这种味道？

　　正在大家疑惑不解之时，只见这位郎中起身，拿出他的药葫芦，三步两步来到这还冒着热气的煮肠锅前，打开葫芦盖儿，唰啦啦地往里倒了一些花椒、大料、小茴香、豆蔻、砂仁等药料，又转身回到了坐位上，拿起行李扬长而去！

　　正当大家被这郎中的举动弄得不知所措之时，奇迹出现了，只觉从这煮肠锅中飘溢出来一种他们从来未感觉到的香气。嘿！原来他是往这锅中加了香料啊，这时大家才恍然大悟起来。特别是那位卖煮肠的食摊主，更是如获至宝似的把锅中所有的香料又都捞了出来，详细做了记录。从此采取了"照方下药"的方法，重新调制了汤汁，才使这从前的煮肠变成了"香味甚浓"的卤肠！

生意打这儿起，也就更加红火起来。

谁知更有那善动脑筋之人，说先生的香料是从葫芦里倒出，那咱这卤肠索性就叫"葫芦头卤肠吧"！

话说没过几日，那位郎中又二次来到这卖卤肠的食摊前，照样是半壶黄酒一盘肠。这位有心计的食摊主，并没有马上声张，暗地里往先生这边观望。见先生在吃卤肠时，一改上次的表情，微笑着满意地不住点头！

这时，咱们这位食摊主，才走到郎中面前深施一礼："多谢先生赠香料之恩，敢问您的尊姓大名？"只见这位先生微微一笑，坦然地做了回答。

"什么！您就是当今有名的神医张仲景老先生。为了答谢您这赐料教悔之情，从今往后您在这儿可以白吃这'葫芦头卤肠'！"

医圣听罢是朗声大笑了起来。听说先生从这以后再也没有光顾这卖"葫芦头卤肠"的食摊。而医圣巧赠煮肠香料的故事却在行内传为了千古佳话！

郭子仪巧做鸡蛋绿豆皮

　　"鸡蛋绿豆皮"本是陕西有名的地方风味小吃，那身为川菜厨师的笔者怎么会有缘与其相识呢？这话说起来还真有些长了。仔细想来，距今也有四十来年了。

　　记得那还是 1978 年秋，我们师兄弟二人受饭店委派前往重庆专门学做牛肉菜。在回家的路上，我们在西安下了车，想逛一逛这西北著名大都市，了解一下那里的风土人情与景观，更想品味一下驰名中外的唐都美食。由于那时我们还很年轻，所以下了火车就在大街上转了起来。说句心里话，由于都是内陆城市，这名声远播的大西安在我的眼中与已经是第二次前往（上次是 1975 年来重庆学习，也曾在西安作短时停留）学习生活的重庆，和我们这次回京途中刚刚观光过的成都相比，我还真没看出有什么明显的不同之处。但不管怎样讲，这大西安我们也不能白来，用我当年的话讲就是"一要看景，二要品美食！"

　　在观看街景的同时，这品美食的机会也来了。因为此时已近中午，我们的肚子也都叫了起来。于是，我俩开始关注起路边的饭馆来（那时才挣五十多块钱，酒楼饭庄当然是不能进了）。走着走着，有一家字号为"古城小吃"的饭馆出现在了我们面前。由于此时已明显感觉到饥饿难耐了，所以我俩是三步并作两步就迈进了餐厅。

嘿！小饭馆就是小饭馆，那木桌上连台布都没有，木凳子更是旧得寒碜。再看桌上那些盘子碗，还真找不出不缺边儿少角的来。见此情景，我不由得小声说了一句：真不愧是古城小吃呀！

也顾不了那么多了，放下书包，我俩就排队买饭了（小吃在当年大多还是要排队来买的）。由于是头一次来，我们也不知道哪样小吃适合我们，于是就仔细观察起别的顾客来。心想卖得多卖得快的，不用问肯定是好吃的！于是我俩也"照方抓药"买了一盘鸡蛋绿豆皮（带馅煎熟并呈方型）和一碗紫米粥。端到桌上，二话没说便夹了一块这鸡蛋绿豆皮放入口中吃了起来。嘿！别看外表不起眼儿，但吃起来还真有点味道不凡。细品还有肉香，仔细一看，我发现那馅中还带有一些肉丝。

我一口气连吃了三块儿，吃速这才慢下来。我边喝粥边环视了一下这家不大的小吃店。

看着看着，我被墙上贴的介绍这"鸡蛋绿豆皮"的文字吸引了，于是我端着粥碗走到近旁认真地看了起来。大概有三四百字，大意是：这鸡蛋绿豆皮虽为陕西小吃，但它最早是制作于沔阳地区的。据史料记载，它的制作者既不是来自餐厅酒楼的职业厨师，也非来源于民间，而是由那唐朝有名的大将军郭子仪亲手制作的！

话说这一年，大唐天子李亨患病，不仅不能上朝理事，连听大臣们汇报国事的精力都没有了。虽几经太医精心诊治，始终未见好转。于是当朝宰相就决定广征民间药方，说不定老百姓中有能人可以医治这龙体呢！

嘿！想不到这一招还真灵验。话说这一日，宫门外来了一位出家的道士，声言远在湖北的荆州一带，盛产一种绿豆可医圣上之症。大臣们一听便深信不疑（出家人是不会打诳语的），更有那朝中郭子仪大将军亲点人马日夜兼程前往荆州找寻这救驾的绿豆！

话说在大约过了六七天以后，这绿豆果然是给找到了，但大家一看，与他们本地所产并无明显区别。会有那么神奇的疗效吗？在那些大臣们的一片质疑声中，这位行武出身的子仪大将军力排众议，用绿豆掺些当地的小米泡透，磨成细浆，又调入鸡蛋摊成薄片，再夹入一些精挑细选的荤素原料包裹成型，然后放入锅中煎成两面金黄之色，切割成小块儿，亲自（别人送大将军是不放心的）送到了皇上面前。

难得大将军的一片忠君之心，皇上硬是强打精神连吃了两块这鸡蛋绿豆皮。到了晚上，奇迹真的发生了，皇上竟然觉得大见好转，而且这精气神又旺了起来。莫非真是这鸡蛋绿豆皮起了作用？于是，皇上又接连几天吃了这郭大将军亲手做的鸡蛋绿豆皮。最后竟然真的康复了！

据说也就是从这儿以后，"鸡蛋绿豆皮"不仅成了大唐宫中一道药膳美食，而且更成了这长安城家喻户晓、人人抢食的一道风味小吃！

捡回来的白云猪手

看到这个题目，也许你会问了，你写的这是什么呀？捡回来，说明猪手已是先被扔掉！作为行内之人，你难道不知道业内有"掉在地下的食品不能捡回来再卖"这个行规吗？

对，你讲的没错，在我们的厨房，是有这样的行规，食物若是掉在了地上，那是绝对不能再继续卖给顾客的！但我这儿讲的，被先扔而再捡回来的白云猪手，不是被掉在了地上，而是被人"扔"到了山沟里。嘿！这还越说越来劲儿了，你讲的这是哪出戏呀！怎么这厨房做饭，还和这山沟沟儿有联系了呢？

这话说起来也有些年头了。那还是上世纪 90 年代中期的事情了。笔者和我那位做广东菜的朋友，在一次北京规模较大的厨师晋级考核中，再一次就双方所在的菜系，在中国烹饪中所处的地位及作用商讨了起来。唉！也不知是怎么回事，这说着说着，就说到他们广东菜这白云猪手上头来了。

记得这位当年在京城小有名气的广东菜师兄是这样对我讲的："不要说我们广东菜师傅诚心敬意做菜，即使是'捡'，我们都能捡回一个久享盛名的名菜来！"

见我满脸的不信之情，他笑着对我说："自华老弟，你别以为我是在和你开玩笑。在我们广东菜中真流传着'白云猪手'是捡回来的名菜之说。我现在就把这其中的故事讲给你听。"

见他那么认真，我还能说些什么呢？我忙对他说："请你讲来，我这里洗耳恭听！"

白云猪手是我们广东菜中一款有名的传统美食。色红透亮，嫩中有脆，甜酸味爽，既可佐酒，又可下饭。

然而，这么一款百食不厌的猪手名菜，又是为何有了这"被捡回来"的说法呢？谈到这个问题，不瞒自华老弟你说，这话还真长了去了。据说离当今起码也要二三百年的历史了。这个吗，你也别较真儿，反正不是现在的事儿。

话说在想当初，广东著名的白云山脚下，有一家香火旺盛的寺院，里面的僧人最多时可达百人之众！

虽然同是出家远离红尘，但这其中的缘由那可就多种多样了。所以，这"佛心清静"的程度也各不相同。首先说这整天吃素，就有人熬不住。所以在这寺中，偷吃荤腥儿之事也是屡见不鲜的。

"本来吗，年纪轻轻的，正是血气方刚之时，整天吃素肯定是受不了。"听我这么一说，这位广东菜师傅朝我一笑："嘿！你倒想得开，看来你出不了家！"

听他这么一说，我即刻回应道："出家，我可没那么坚定的意志。你呀，别说这旁的了，赶快书归正传吧！"

单说这一天傍晚，有两个不太守寺规的年轻僧人，趁住持外出办事之机，偷偷到山下买回了几只猪手。两人如获至宝地把其带回了寺中，找了一个偏辟之处，把猪手放入坛子中，又加了些泉水和调料，就忐忑不安地架火烧了起来。

正当坛中有肉香飘出之时，忽听寺中僧人在相互提醒儿，全体集合到寺门口迎接外出归来的住持僧。二人听罢，小脸立时吓得发黄。这猪手要是让住持发现了，轻则罚，重者说不定就会被逐出庙门。这可如何是好呢？但又来不及多想。二人倒也是个干脆性格，捞出那已经半熟的猪手隔墙就扔出了寺外，埋好坛子连忙奔向大门口儿去迎接住持僧去了。

放下僧人们迎接住持暂且不表，再说那几只已被煮至断生的猪手，你说怎么那么寸，全都被扔到了山沟里。更巧的是它们又全都被一个人捡了回来。

原来这几只猪手刚刚落地，刚好被一个在此处打柴的人给见到了。开始时他以为是自己看花了眼。只听说天上下雨，再不就是掉馅饼，还真没听说过这老天爷还能往人间扔猪手呢！

当他走到近前一看，实实在在地是几只白花花的猪手。这是怎么回事呢？他抬头四下瞧了瞧，这儿只有寺院，并没有其他住家呀。噢！一定是里面的和尚偷吃荤腥，害怕被发现而扔出来的！想到这儿，这位老兄反倒露出了一丝微笑："对不起了出家的师傅，我可要把这猪手带回享用了。"说着他就真的捡回了这几只猪手，哼着山歌小调下了山。话说这位砍柴大哥高高兴兴地来到家门口儿，还未进门就喊了起来：孩子他妈快来看，我给你带猪手回来了！""什么，猪手？你去砍柴，哪里会来的猪手呢？"

这位大哥见问连忙一五一十地把这"捡猪手"的事儿讲了一遍。这位朴实的山村大嫂听完丈夫的话才接过猪手进了堂屋。发现这猪手也就刚半熟，于是就清洗干净，重放锅中，又重新加入开水和调料煮了起来。大嫂的厨技在这小山村本来就不凡，再加上这猪手本身肥美，所以那肉香很快就飘满了小院！大约又过了一个小时，砍柴大哥抱着他们的宝贝儿子回到了家中。刚一进门儿，儿子就喊着要吃猪手（平常他们是很难如此破费的）。片刻之后，一家三口围在了饭桌旁，有滋有味地吃起了烧制两次的猪手。

待猪手的皮肉刚一入口，嘿！不愧为山村烹饪的一把手，这烧出的猪手要口感有口感，要滋味有滋味，一家人吃了个不亦乐乎！

再说咱们这位有心计的孩子妈，吃过这猪手后，才知自己有这么一手烹调技术。于是，就想借钱在镇上开一家专营猪手的小店，也好使家庭的生活有一个好转。

　　得到丈夫的同意后，全家人租住到了镇上。经过半个多月的筹备，小店如期开张了。果然不出所料，在孩子妈的主理下，这猪手卖得相当红火。开始这猪手其实并没有名，只是到了后来，这猪手的生意的确有些做大了，夫妻俩才请这有文化的食客给取了个"白云猪手"之名！

　　随着这白云猪手的名气越来越大，这镇上已不再是他们家独家经营了，慢慢地就形成了规模，以至周边地区很多的职业厨师也学会了，并加以改进，最后竟成了具有浓郁地方风味特色的一道美食。

源自秦朝的传世名菜——全家福

作为中华美食的传世名馔"全家福",笔者第一次接触它,那还是上世纪 80 年代中期的事情了。

记得 1987 年前后,可以说刚好是再次开业的北京四川饭店经营的鼎盛时期。不无夸张地讲,那真是院内车水马龙,餐厅座无虚席。

记得那是一天的早上,按照惯例,当年我们这些经验还算不上丰富的年轻厨师(1971 年至 1987 年已有十六个年头之久,当时我们的技术已经算是说得过去了,只是经验还没积累那么多),都不约而同地来到这宴会菜单前看个究竟!

看着看着,我突然被其中一道"干贝全家福"的菜名所吸引。"全家福"作为在国人中有着浓郁吉祥祝福色彩的三个字,怎么会出现在饭店菜名当中了呢?作为当时思想活跃好奇心强的我,忍不住和师兄师弟们讨论了起来,但结果还是没有结果!我们大家一同商定只有来请教我们的陈松如大师了。

当年我们心目中的陈松如师傅,那可以说是偶像级别的大师了。因为在他身上,体现了相当浓郁的传奇色彩。听说他不到三十岁就来北京担任刚刚开张营业的四川饭店首任厨师长了。列位看官，1959 年开业的北京四川饭店，那可不是一般人心目中的餐饮企业，那是由当年的中央领导倡议，周总理亲起的店名，郭沫若亲书牌匾的京城首家专营正宗精品川菜的高档食府。听说自打开业的那天起，就成了党和国家宴请活动的重要场所之一。周总理、朱老总等多位中央领导都曾亲临饭店举办宴请活动。

你想啊，能在这么高端的饭店担任厨师长，没有超凡的本事能行吗！

待 1973 年四川饭店重张开业时，我们眼前的陈松如师傅已是五十上下的年龄了。但话又说回来了，此时他的厨艺无疑是越发完美了。

见我们如此发问，陈松如师傅边用毛巾擦着双手边对我们说道："全家福作为一道传统名菜，其实也并非只咱们川菜才有制作，在其他方菜中也有！"

"全家福"三个字，从表面上看，与菜肴可以说毫不相干，但它为什么又被当作菜名而运用到了咱们的美食当中呢？细说起来，这其中还有一段鲜为人知，且又流传久远的动人故事呢！

这下儿我们更来了兴趣，一下子就围拢在了他的身旁。见我们对此话题有如此浓郁之兴趣，师傅也就没有再推辞，深深地吸了两口烟，稍加思索便对我们慢声细语地讲了起来：听前辈师傅们讲，全家福这个菜，在咱们的饮食行业中可有两千多年的历史了，往前可以追溯到秦朝统一六国之时。当年"焚书坑儒"，很多读书人无辜丧命，还真不错，真有一位苦读诗书之人躲过了这场劫难。命虽然保住了，但不得不隐姓埋名背井离乡抛妻弃子去外地讨生活了！

老天还算公平，这样的苦日子过了将近两年，始皇帝驾崩了！这位读书人终于得以返回家乡寻找亲人。

但有谁会想到，待这位读书人不辞辛苦千里迢迢回到家乡一看，早已是断壁残垣，亲人难觅，忙找村里人一打听，方知自己的妻儿早在一年多以前也投奔他乡去了。

这突如其来的打击，使得这位儒生再也支撑不下去了，头脑一片空白，眼前一阵发黑，便投水自尽于村边的河流中。听到这儿，我心中在想，想不到这么一盘菜还有这么辛酸的血泪史啊!

这时只见师傅又喝了两口茶,接着继续说道:也不知过了多久,这位儒生真是应了"劫难不死必有后福"这句话,居然慢慢睁开了双眼,又好像听见旁边有人在说:"醒过来了,醒过来了!"待他醒过神儿来定睛一看,原来他是躺在了一家人的木床上。

经过交谈才知道,原来这渔家的女婿正好是这位儒生的儿子。

原来在两年前这好心的渔家就救了逃难至此的儒生妻儿二人,后来双方干脆结下了这儿女亲家!

为了庆祝这一家三口劫后重逢,渔老伯不惜破费专门请了厨师制办了家宴。

再说这位善解人意的厨师傅开动脑筋挖空心思,特地用当地的鱼虾贝类荤食原料和蔬鲜原料,和理搭配精切细调,烹制出了一大盘特味美食呈献给了主人并送上了一句"祝全家幸福团聚"的吉祥之语!

话说这重逢后的两家人,满心欢喜地品尝起这盘厨师特意做的美食来。俗话讲:"人逢喜事精神爽!"(笔者在这里再加上一句:"精神爽来菜才香!")一家人都夸这菜好吃,问叫什么名字,见厨师也说不上名字,这位儒生稍加思索就想到"全家福"三个字。

就这样,全家福这道佳馈美食可就在当地叫响了!更成为百姓们逢年过节,喜庆家宴必食的大菜。

你想啊,这么一道能给人带来美好祝福的佳肴,岂能被当地饭庄酒楼的大师傅错过,没过多久,这"全家福"三个字就上了他们的菜牌!更令人想不到的是,这款原本来自民间的吉祥菜到后来也不知是由哪位大厨带到了当时的秦王朝的皇宫,成了皇上赏赐大臣,或是皇宫庆典必不可少之名菜!

这时,我见别的师傅已经把制作"干贝全家福"的原材料备齐放到了师傅面前。

陈师傅手指干贝等原料对我们说道:这个菜讲白了,其实就和咱们川菜中的"什锦"很相似。原料品种不仅要多样,而且还可荤可素,更可荤素兼有之。口味吗,当然是以咸鲜为主。但你非要调麻辣,在咱们川菜中那也是允许的！

　　"那今天晚上的宴会为什么又把它称作为'干贝全家福'呢？"听我这样发问，师傅笑着说："一般都是以所用原料中最为贵重的那一种来命名。如海参全家福、鲍鱼全家福、鱼肚全家福、鱼唇全家福、明虾全家福等就是如此！"

　　令我感到意外的是，晚宴中的"干贝全家福"，师傅安排由我来烹制！当然啦，那可是在他的教授下才完成的。